嚴長壽
STANLEY YEN

總裁獅子心

20週年
全新
修訂版

FROM MESSENGER
TO MANAGER

推薦序——

獅子的領帶

林懷民

坐落在台北民權東路、吉林路口有一家名列「世界傑出旅館系統」的五星級飯店——亞都飯店，有一份「不符合時代」的面相：十二層高的黑色建築，樸素結實地站在街口，不熟的人根本不會發現那裡有一幢五星級旅館。

雲門的外國賓客，包括舞台設計大師李名覺夫婦、歐美舞評家，和藝術節總監，都經常指定要住在洋名THE LANDIS HOTEL亞都飯店。

外賓由機場抵達飯店，亞都就給他們一份驚喜：門房打開車門時，就以客人的姓氏歡迎你；不是「先生」，而是「張先生」、「李先生」。飯店大廳有一份沉穩的寧靜，像居家大廳，而不是喧鬧的「市場」。入門處一張桌子後，站著接待員，溫暖地招呼你坐下，寒暄之際就辦好住宿手續。提行李的年輕人也笑嘻嘻地稱呼「張先生」、「李先生」地把你送進房間。全旅館的人在你未到之前都已知曉你的尊姓大名！小小的用心，使旅客賓至如歸。在許多驚喜之後，退房離去前，亞都還有一項讓人窩心的驚喜，它為你準備了機場稅單，使你不必到機場還得排隊購買！他們真是想得到、做得到！

這些，都是寄寓亞都的朋友津津樂道的讚美。原先在國外久聞其名，住過後再度來台，他們堅持「回」亞都。也許是因為亞都使人心情朗爽，雲門幾項重要的海外巡演都在亞都敲定。有工作，我到亞都談事情；沒事，我也愛順路到亞都喝杯咖啡。由於飯店特殊的人文環境，使得亞都的咖啡，有振奮人心的特效。

這些年來，台灣蓋起了許多高樓大廈，人們的服飾也日益講究。但許多建築華而不實，名牌衣飾也常見搭配得教人觸目驚心、頭皮發麻。沒有用心、沒有品味，金錢買不到氣質和身分。相形之下，亞都人做什麼像什麼，令我讚歎、佩服。

在台灣的室內設計裡，亞都可以算是個異數。黑銀灰的底色挑出一點黯紅，具體而微地凸顯三〇年代西方Art Deco的風格；十七年前開張時，便以沉澱了風華的世故取勝。如今，峰迴路轉，Art Deco重新流行，她也依然故我。十七年後「依然故我」，全賴細緻徹底地維修保養。這，在台灣，也算是個異數。

如眾所知，微笑是服務業的基本「美德」。微笑是「企業文化」，因地而異。美國服務生的微笑往往好像在提醒人該付小費。香港酒店接待人員敬語謙辭完全正確，「穿戴」微笑，有一種「法治社會」的理性。台灣旅店服務人員可以慇懃，大部分不笑。亞都人的笑顏卻有一種油然的自在，就像身上的黑西裝，舒舒坦坦，不只是合身，而是「文化」；彷彿那是他的家常服，不是制服，肢體語言與服飾渾然一體，彷彿不在「服務」，而是與友伴相聚，輕笑淺語間，輕易完成工作要求。

我納悶，在不少公眾人物不斷以「加法」來增加服飾的狼狽、不時在公眾場合進退失據的台灣，亞都人何以如此自在從容？一定有外國高人指點，我猜度。直到我認識了亞都的總裁嚴長壽先生。

朋友叫他Stanley，長壽的臉上永不見疲累，永遠煥發微笑，頭髮梳得一絲不苟。談笑應對間，對朋友充滿不著痕跡的細心和體貼。Stanley熱愛藝術、繪畫、音樂。這些素養表露在亞都深藏不露的設計風格，以及一間叫做「馬蒂斯廳」的會議室。他衣飾裡最讓我感興趣的是他的領帶：看不出品牌，恰到好處的精緻，素樸到不打算叫你注意，因此特別引人入勝。看到Stanley，我終於明白了所有輕聲細語、笑容可掬的亞都人，全是他的「分身」。

高中畢業的嚴長壽由美國運通公司的小弟幹起，力爭上游，成為創辦主持亞都飯店的總裁，成為國際旅遊界的名人，榮獲多項國際獎賞，是台北社交界的傳奇。

Stanley的故事，使我肅然起敬。企業白手起家終成大富的成功故事比比皆是，嚴總裁與大多數人不同的是：他在成就了事業之後熱心公益，主動地為社會國家做出貢獻，默默的，像他的領帶。有趣的是，在他所有的工作中，對大眾，尤其是青年朋友，影響力最廣泛久遠的，我想，可能會是這本題為《總裁獅子心》的書。

在這本書裡，Stanley透過一段段動人的故事，談他的生平、他的事業、他的經營理念。

動人，因為我們在這裡看到一個勤勉苦學、積極上進的年輕人；一個腳踏實地、注意細節、真誠待人、勇於反省的企業家。

動人，因為他「文如其人」的那份溫暖家常的口氣；把讀者當作好朋友，跟他分享成敗悲歡，把他的經驗全盤托出和朋友共勉。

在《總裁獅子心》，我們認識了一個活生生的人，他的理想、挫折、奮起，以及努力過後的自信；如此平凡，而又如此獨特。我們認識一個全然「自我打造」，而又不以此為傲的男人。

得到《總裁獅子心》的校樣，我欲罷不能，一宵讀完，時時驚動。最讓我驚動的是類似下列這些字句：

抱最大的希望，為最大的努力，做最壞的打算。

怕它就去研究它，這是我面對困難時的習慣。

只有在先自我尊重之後，才會受到別人的尊重。

最好的危機處理是在危機發生之前，就能事先化解。這是最高明的解決方式。如果已經發生了問題才去解決問題，只能算是次高明的解決方式。

任何一個員工犯錯，都是我們團體的錯誤，我們每一個人都要共同去承擔。

世紀末了，還有人用這樣簡明直接的語言，來呈現這樣簡單有力的信念！那需要信心，需要一點獨特的性情，才會說得如此理直氣壯了，還需要消化大量經驗，才能凝塑出來理念。斯人而有斯言，獅子座的Stanley不需要花稍的領帶。

市面上充斥著鼓吹速成、譯自外文的管理書籍，以及賣俏賣炫的青年讀物。《總裁獅子心》以本國人的經驗誠懇訴說一個年輕人的成長，一個成功企業家的珍貴心得；宣示待人接物、成就事業的永恆真理；沒有高深理論，感染力強、實用性高。

《總裁獅子心》是我的案頭書，是雲門同仁人手一冊的內部進修教材。我高度推薦它給年輕朋友和所有關心「人性化管理」的專業人士。

——錄自一九九七年《總裁獅子心》初版推薦序文

全新修訂版自序——

愛與熱忱，才是未來成功的關鍵！

二十年前，一個偶然的意外，居然造就出我從未設想過的寫作人生。當時，我完全不認為自己是一個會出書的人，後來在朋友的鼓勵下，我忖度著，面對琳瑯滿目的名人傳記與成功致富之道的書籍出版，像我這樣一個從最底層的小人物開始，最後成為一位專業經理人的成長歷程，或許對時下的社會年輕人會帶來一種不同的參考。

於是，自一九九七年以來的這二十年，不論是與社會的連結，或是對青年的瞭解，都開啟了我更大的視窗。原本自我界定的核心使命是：以觀光為媒介提升台灣的能見度，以文化厚實台灣的素養，以飯店為社會建立一個關懷弱勢的平台；然而，《總裁獅子心》推出後竟然出乎意料之外的暢銷，也因此促使我與外界有了更多面向的接觸，讓我更能貼近地感受到台灣從「一無所有的年代」，歷經「快速發展」、「高教貶值」與「技職空洞」的整個發展路徑。這本書，更直接或間接地引導我在二十年間出版了近十本書；回顧起來，每一本書其實都深刻反映著當下我對台灣時境所發出的一份關切與焦慮。

隨著時間的遷移，轉眼間我已從當年知命的五十年歲，走向理應不逾矩的七十當口，即便明知整個大環境由盛而衰的遞降過程，大抵不出自己所料，卻仍然無法抑止自己對這個社會綿綿不絕的關懷。過去，總是希望透過積極的公開呼籲與寫作，向政府提出建言，試圖將國家、社會、兩岸及觀光的發展，導引到一個比較正面的方向；而今自忖為時不多，只有在人生的工作一覽表中逐項遞減，思考即使在最糟的情況下還能夠做些什麼，幾經分析與自我叩問下，發覺最終仍無法放下的就是偏鄉的教育，然而教育改革偏偏又是如此沉重難荷的一個擔子。

一如美國哲學家Buckminster Fuller所言：「你永遠無法以對抗現實來改變未來，唯有建立一個更出色可行的新模式，才可能打破現有的體制，使實質的改變發生！」我最終希望在花東偏鄉的實驗教育，能夠配合整體大環境的改變、與時俱進，期盼能夠發揮每個孩子的天賦、找到自信、認同自己的文化與價值，同時也希望能協助老師為其支撐，成為年輕人生命探索的後盾。

前不久，李開復在一篇受訪文章中，用最易懂的方式描述面對人工智慧時代的來臨，「情感是人類最後一道防線」，無法輸入大數據去分析、預測的領域，將最不容易被ＡＩ取代。唯有透過愛與熱忱，做機器人做不到的事，做有溫度的服務業，做更具備人性化的教育，這樣的走向，我想才是未來成功的關鍵！回頭再望向這本《總裁獅子心》，除了配合新版印製，在某些篇章我另外加上最新補充與註解外，原有的內容無論從領導人的態度、企業文化的經營、與人溝通的能力，甚至是自我價值觀的建立……等，衡量眼前所處的這個科技年代，似乎反而益發凸顯真實與適用。

在二十年後重印此書的當下，我也決定就把這本新版當作我結束寫作生涯的句點吧。It's time to stop！畢竟，每個人到了不同的階段就要做不同的事。我想就讓我把握七十歲以後有限的體力與歲月，透過教育的改革，讓偏鄉的未來得以改變，讓社會變得更加溫暖與美好。數年過後，或許，我希望還有一本書問世，但是它將不再由我執筆，而是由我所有親愛的夥伴與幕後天使們，在胼手胝足歷經公益平台每一項專案的耕耘與偏鄉教育扎根的歷程所做的一種群體書寫創作。

最後，我要藉由這個機會，感謝所有在幕後台前支持我的夥伴，也要感謝一直以來不斷勉勵我的親愛讀者們，因為你們的存在，才驅動了我繼續向前的力量！

目錄—CONTENTS

PART—1 第一部 為未來扎根

第一階段／從基層做起

第一章 認清自己
接受——023
照著鏡子，看著自己——028
怕它就去研究它——031
第二章 學習
垃圾桶哲學——036
環境說——041
自我尊重——046
第三章 氣度
杜賓犬的誘惑——049
過了一山還有一山——054

第二階段／培養領導者的風範

第四章　責任心

挑夫守則——061

全方位的領航員——066

「代表」的藝術——071

第五章　危機與挑戰

第一等危機處理高手——074

化險為夷——079

真實的試煉——084

老闆！請我吃飯？——087

第六章　領導者的Common Sense

在你身邊——093

領導人必須有的認知——097

溝通如拋球——100

以誠為本的互惠原則——109

當事業轉航時——113

第三階段／領導者的管理原則

第七章　人的管理

臭脾氣嗎？——119

後座駕駛——122

自己人？——125
識人之明——129
船長與大副——133
管理人的反訓練——137

第八章　領導風格

強勢領導——140
啦啦隊長——144
總裁也蹈水嗎？——147
不捨——150

PART——2

第二部　企業的經營藝術

第一章　導航

A Hotel is made by men and stone.——159
打破人與人的界限——163
從記得客人的姓名，到體察客人的需要——166
海外推廣——170
失敗與成長——174

第二章　與客人內心的期望賽跑

四個服務管理的信條——179

衝突——188

第三章　企業文化——亞都夏令營

誰怕大鳴大放——194

昂貴的教訓——199

第四章　最重要的財富

留住員工的三大要件——203

從基層做起——207

內部的公關經理——211

公關無所不在——216

第五章　批評的藝術

考核不是洪水猛獸——219

從正面出發——222

第六章　餐飲的遠見

杭州菜的突破——227

廚房老大vs.服務生——232

扎根——236

第七章　我的人生價值觀

暴發戶——242

發光體——246

賭氣？爭氣？——251

第一部 PART 1

為未來扎根

第一階段

STEP—1

從基層做起

第一章 認清自己

接受

被一個環境接受，是任何一個人想要成長的第一步。

入伍當兵，使我第一次體驗到適應環境的重要。我因為中學時期曾經蹉跎過兩年，高中畢業後又沒有考上大學，到了徵召服兵役的年齡，理所當然成了部隊裡最基層的小兵。

由一個喜歡音樂、喜歡文藝的高中生，乍然成為軍中菜鳥，感覺非常不適應。剛入伍的新兵，對上接觸的是老士官，他們大多因為國家動亂，自幼投身軍旅，沒有讀書的機會，有相當比例的人脾氣比較暴戾固執，尤其是我被分發的防砲部隊，大多駐守在山上或海邊，生活極度的無聊，因此他們軍旅中的休閒就靠喝酒打發，要不然就是偶爾肉體的發洩或賭博，相當無奈。同年齡層的新兵，大部分人又抱著當兵就是盡義務混日子的心態，在軍中消磨生命，日子過一天算一天，充滿了苦悶的無力感，也同樣無聊。

面對那樣的環境，保護自己心中的一方天地，是我第一個自然反應。在操練的空暇，我仍然醉心於聆聽音樂，經常黃昏飯後帶著廉價的老式手提盤，一個人跑到海邊（當時部隊駐防在花蓮機場七星潭的沿海），沉醉在音符與浪潮中。那段時期是個關鍵時期，我深感環境適應不良的苦處，想要獨處是希望給自己一點時間來調適，一直以為這樣做沒有傷害到別人就可以了，殊不知無形中給人冷漠高傲的印象，正好刺痛了老士官們怕別人瞧不起的心。

有一次我照舊待在海邊，部隊長臨時要求集合，班上同袍其實明明知道我在海邊，但沒有過來叫我。結果，我被以「不假外出、傲慢、不服從」的理由被判處關禁閉，長官把我帶到禁閉室，一一卸下我的腰帶、鞋帶等「危險物」，大門轟然關上，把黑暗、憤怒、屈辱留給了我。那一個晚上我徹夜難眠，看著黑暗的禁閉室，自認為一個始終待人善良、從來不想要傷害別人的我，不禁掉下了眼淚，無法理解為什麼平時在學校，甚至在訓練中心人緣都極好的我，怎麼會受到如此大的誤解與屈辱。難過中，內心也升起了另一種聲音與力量。離退伍還有兩年八個月的時間，我不能被環境打敗，如果別人不瞭解我，那我就必須去瞭解別人、我必須被環境接受。

於是我決心重新調整自己，不是使自己變得油腔滑調去討好環境，而是從另一個角度看待周遭的人，這樣一來，老兵的無奈、小兵的無聊，都反應出他們背後不為人知且被人忽略的寂寞與空虛。例如老兵在台灣多半沒有家眷親屬，甚至很多人是被半強迫進入部隊來到台灣，從此就與家人失去聯絡。在當時的社會，階級是他唯一的成就感，權威是他唯一能使別人敬重他的方式，瞭解了這一層障礙，我從躲避他們，變為關懷他們，於是我利用共同站衛兵當班的機會，開始試著與他們聊天，聽他們講述家鄉的故事，終於走入他們的世界，也更能夠瞭解他們的心境。譬如他們自己無家可歸，所以最看不慣年輕人放假就要回家，於是我每次從家中歸營時，總會帶回來家裡的滷味、燒鴨以及母親做的家鄉應景小菜分享同僚，尤其是過年過節，更加關切他們的情緒，陪他們話家常、聽他們敘往事。對待同年齡的小兵，我也開始和他們分享我聽音樂的心得，教他們一些古文與詩篇，偶爾也和他們一起喝喝酒聊聊天。當然這些調整，我和同袍之間，彼此都經歷了一番時間的過程。和他們親近，並不意味「同流合汙」。半年後我不但自己突破了心理的障礙，而且漸漸地成為部隊中極受歡迎的靈魂人物，長官們把我當作辦活動的高手，與老兵和新兵間協調的橋樑，而許多的新兵，也把我當成了他們生活的導師，最讓我感到有成就的是在多年後我應一個過去部隊同袍的邀請去他婚後的家，在家裡他放給我聽的音樂竟然是我過去介紹給他的貝多芬與巴哈！他告訴我說雖然他仍然做的是泥水匠的工作，但是音樂卻已充實了他精神層面的生活，使他成為更懂得享受富裕精神人生的快樂人。

這個軍中生活的經驗，使我感受到：**任何人都需要被自己所處的環境所接受，那是一個人成長的第一步，如果你不能被所處的環境所接受，那麼縱使擁有再大的理想抱負，也無法被落實執行。**當我調整了自己的態度，逐漸被部隊的環境接納後，再後來，我的責任心、做事態度等，也就很容易地感染到大家，獲得團體的認同。

這段生命歷程對我人生最大的學習，就是學會傾聽與觀察，它也讓我更能夠懂得易位而處、將心比心，在我後來的事業過程中，它讓我更懂得謙卑體諒每一個不同階層人的人生歷程。

另外兩個意外的收穫，其一是我開始與老士官們學習方言，於是三年的軍旅生活，讓我學會了基本應對的四川話、廣東話、山東話；其二是影響部隊中那位退伍後當泥水工的同袍，我的分享居然讓他終其一生愛上古典音樂，使我更加確定藝術是每一個人都可以擁有的文化素養。

照著鏡子，看著自己

找工作、發展自己的能力之前，一定要先認清自己，注視著自己的優點，同時也注視著自己的缺點，因為沒有一個人是十全十美的。

退伍後，原本心想一邊工作一邊自修，不放棄考大學的目標，於是去應徵美國運通一份「傳達小弟」的工作。在美國運通的第一階段，對我來說是認清自己的階段：首先，我不覺得自己在做學問上會有太大的成就，因為我不會死讀書，尤其不擅強記，於是我開始對自我的情況做分析，當時的我當完兵已經二十三歲了，就算順利考上大學，我仍不覺得自己能夠在讀書領域裡有一番特別的作為。其次，我父母的年紀都大了，以家庭經濟環境考量，我不可能安安心心地當一個「全職學生」，如果選擇夜間部就讀，我能夠學業與工作兩者兼顧嗎？再思考得遠一點，假設我花了一年時間全心全意準備，考上大學等到畢業後，我也已經二十八歲了，到那時，我能在社會上找到什麼樣的工作呢？男子三十而立，我將會面臨到成家、立業這些緊急又複雜的情況。

所以，考大學或許不是我那時應該抱持的志業，就連工作，二十三歲才去做小弟，也算是晚了。但凡事總必須有一個起點，我希望能縮短摸索的時間，那就需要徹底地認清自己，於是我成了當時成立的美國運通公司最基層的一個成員——傳達。

認清自己的第一點就是要注視著自己的優點，同時也注視著自己的缺點，當已經認定了自己必須在下一個階層面對的工作以後，我就不再猶豫，我開始為自己規劃如何做好「傳達」這份工作。我發現早上是每個辦公室最關鍵的時刻，因為大部分同仁都是在上班前的一剎那才趕到公司，接著馬上要處理前一晚的電報，又要接聽當天的電話，大家可以說一上班就是被動地被忙碌駕馭著，處於「沒有計畫」的狀況，身為「傳達」的我當然更容易被到處使喚，而毫無自我。於是我決定我必須比所有的人更早一小時到公司，我可以藉著這個提前的一小時把自己的工作先做一番準備與安排，同時也可以為其他同仁的可能工作預做安排，例如把所有的來信來電先分到每人桌上，把當天可能要做的事先分出路線與次序，甚至於把辦公室可能發生或正在進行的事都先做某種程度的瞭解。

當然後來這種關懷與參與的熱忱（算是我的優點吧），更進一步啟發了我學習與上進的心，同時也因為我這種掌握狀況、先做規劃的習慣，也漸漸影響了公司同仁對我這份職位的另一種認同，進而配合我所安排的較為有效率的統一傳送時間。預做規劃，使得我能因統一的規劃而節省下時間來應付更多的突發事件，並在其他工作上為同仁做一個額外的幫手。

怕它就去研究它

我的學習哲學是：抱最大的希望，為最多的努力，做最壞的打算。

我高中時期有一塊讀書時充做書桌的木板，我在木板上寫了幾個字用來惕勵自己準備聯考——**「抱最大的希望，為最多的努力，做最壞的打算」**，這三句話是我一直以來的學習觀念，也是我後來面對人生的態度，我現在遇到困境的時候，仍然是先做最壞的心理準備，然後投注最多的努力，抱著最大的希望向前衝，這樣一來我對於結果如何就不會有太大的得失心，同時解決問題時也不致陷入單方面的思考。

我的英文學習就是一個例子，我學英文是離開學校以後，到軍隊時才慢慢開始的，我的目的不是要成為一個文學家，而是要使英文成為生活的一部分，除了單字以外，我更偏重片語和句型。因為單字就好像一顆一顆子彈，可是和外國人對話時，對方可是拿著「機關槍」連發，當你要回答時，令你緊張的原因通常是因為你的腦中只有一顆顆子彈，你無法及時將這些子彈組織起來。所以實用型的英文會話，一定要從整句整句的片語或句型開始，才能破除你的膽怯。

我認為英文的聽比說難，雖然廣東話有所謂「識聽不識講」，但我認為事實上剛好相反。因為說英文你可以選擇你會的單字來表達，但是聽英文你卻無法要求對方只選擇你會的那些單字，而且通常說話的速度使單字模糊地連成一串；如果你是從整句整句的英文開始學習，縱使面對「機關槍」你也有抓住重點的機會，應答就容易了些。**先找出正確的學習方式**，**分析自己的學習動機**，**然後盡最大的努力**。於是我在部隊裡每天早上起床後就扭開當時的美軍電台，無論我在擦皮鞋或在縫衣服，耳朵就是這樣日復一日地接受磨練，使英文成為我生活的一部分。

一個只有高中學歷，後來英文能自學而稍有心得，變成工作中的一項基本工具，我想正確的方法比「用力」更重要。我在美國運通公司從一個傳達做到總經理，雖然屢次遇事都能化險為夷，也是因為正確的方法比「運氣」的成分更多。到底什麼是「正確的方法」呢？我想就先從我面對困難時的習慣說起。

也是在我當兵時的第三年，我們的部隊曾經一度駐防在屏東鵝鑾鼻，營區緊鄰著海岸線，海邊有一間破草房（真的非常非常破！），那是附近農家堆放農具的倉庫，但已經荒廢多時，我花了一個月八十塊錢的租金把它租下來，那就是我的「天堂」，我可以在那裡放唱片、看海、讀書、學拉小提琴。

唯一的困擾是附近的草叢茂密，經常有蛇在那裡出沒，甚至爬進我的小草屋，蛇的模樣誰都不喜歡，我一看到牠們更是難受得反胃，這怎麼辦？於是我寫信請家人寄本專門講蛇的書給我，因為我認為如果我怕牠，就應該更瞭解牠。書寄來了，是一本附有相片解說名叫《Snake In Taiwan》的英文書，從此我知道什麼蛇有毒、什麼蛇沒毒，什麼是龜殼花、什麼是雨傘節，再慢慢地我也和部隊同事一起「學吃」一點蛇肉。**怕它就去研究它，這是我面對困難時的習慣。**

在這之前，部隊一度也曾調到東莒島一年（當時叫東犬島）。有一次好像是我們的船艇誤擊了大陸的運輸艦，引起大陸七、八十艘的船隻結集在東莒對岸附近，補給均告中斷，戰況一觸即發，營指部下令全面備戰，於是我們把彈藥搬出來了，戰壕挖好了，接著每個人發下一份制式的「遺囑」，我們只要在空格的地方簽上名字即可，然後宣誓效忠，各就各位。局勢吃緊，有的新兵面對著遺囑忍不住就哭了起來。而我很快地簽好了標準格式的遺囑，還又另外寫了兩封遺書，一封給家人，一封給當時的女朋友，一切安排好了之後心裡反而覺得非常地坦然與平靜。當然，我也有很多不捨啊，但當時我想了一下，覺得人早晚都要面對死亡，最怕的是死非其時、死非其所，如果能夠在捍衛國家的行動中犧牲，亦可算是死得其所了，既已做了最壞的打算，頭腦反而非常冷靜，重大危機橫亙在眼前，私心的糾纏都非常淡了，我不是個好戰分子，但絕不允許自己因為得失心分散了眼前的注意力，那樣反而更容易遭致危險。

每個危機都是一次學習，往後這麼多年來我似乎還沒有衝不過的難關，我想這或許和「抱最大的希望，為最多的努力，做最壞的打算」這樣的學習觀念有關。

回看人生的過程，最大的感慨是經過這麼多年的歷練，十八歲時的三句話，至今居然依舊是我面對挑戰最佳的座右銘。

第二章 學習

垃圾桶哲學

我把自己當垃圾桶，把握每一個學習的機會，是我「收垃圾」的最大動力。

對二十三歲的我來說，考大學不是成功的捷徑，認清自己以後，我選擇工作，而且只有盡快在工作中學習，才能縮短摸索的時間。

美國運通當時的環境，並沒有主動提供學習的機會，所有的專業電腦操作員和助理，在工作上都有自己的一套本領，而且生怕別人學去。

對於急著想自我突破、迫切想多學習的我，這成了一個相當難突破的障礙。基於這個原因，我開始領悟了一種新的學習態度——將自己比為「垃圾桶」開始扮演起收垃圾的角色。所有同事不願意做、不想做的事，都可以交給我來做，希望從中整理出一些學習的機會。

譬如公司發TELEX（電報交換機）的小姐，趕著下班去約會，偏偏下班時間正是國際線路最忙線的時候，TELEX一直傳不出去，眼看男朋友已經到公司樓下等著了，我就自告奮勇地幫她做收尾的工作，因為那正是最好的學習機會，雖說只是簡單的撥號傳送，電訊的內容又是已經處理好的，但台灣那時對外傳訊的通路不多，我就傻傻地一直反覆播號到深夜，儘管如此，我至少學會了發TELEX的方法，後來也是這樣才學會操作電腦終端機的技術。

經由這樣小小的幫忙，可以爭取到同事的好感，或許有人會覺得大家一樣都是領薪水做事，我為什麼要幫你的忙？但我當時只覺得自己沒有時間去計較這些，我只有把握住任何一個機會，也因為這樣的力量驅使，別人不願意做的事，由我來完成，多做一些，從中又多學習了一些，這些原來別人沒耐性、不樂意做的事，像丟垃圾一樣丟給了我來處理，而我卻能從中鍛鍊出全方位的工作能力。

在美國運通當傳達那段時期，幾乎每天大家下班了，我還留在辦公室裡K英文、摸電腦。辦公大樓裡同一層的另一間辦公室，是美國環球航空公司，老闆是一位外國人，偶爾白天在茶水間看到我，我們會打招呼，聊一兩句。晚上，他發現我每天都留下來自修，有一次，他在茶水間就跟我提起，他們公司正需要一名初級的票務員，要不要跳槽到他們公司？他們那個職位在經過訓練後薪資起跳是六千元，足足是我當時做傳達薪資的兩倍，而且有機會到夏威夷或者倫敦的訓練中心受訓，去學習票務。

對任何人來說，那都是一個非常好的機會，但是衡量自己的能力後，我回絕了那位老闆。第一，我覺得當時還沒有準備好，去了之後，恐怕會讓他失望；第二，在現有的環境中，我還有好多要學習的地方，我瞭解在工作環境中，我的學歷最低，條件也最差，唯一可以使自己迎頭趕上的方法，就是無選擇地學習與吸收，而當然在充滿防衛性的職場環境中，最受人歡迎的方法，就是做人家不想要做的事。

「認清自己」在工作初期，實在太重要了。選擇工作需要知道自己的個性、處境；立定短期目標需要知道自己的優缺點；面對環境的挫折和困擾時，也必須明白自己沒有條件被環境打敗；即使有更優渥的機會來臨時，也必須客觀地再次檢視自己的實力。

認清自己幾乎像是一種本能反應，在每一個重要環節我就會自己檢討自己一遍。無論是對自我的認定，或是對工作一步一步地抉擇，絕不是出於賭氣或反挫的力量，因此，我從來沒有這樣的想法：「哼，我現在是個傳達小弟，你們這些秘書小姐欺負我，看著好了，我總有一天要超越你們，我要爬到你們頭上！」

這個垃圾桶的哲學不斷提醒著我，我也想起小時候在家裡的客廳中堂，父親掛來教誨我們、也警惕他自己的兩行拓字，那就是鄭板橋的「難得糊塗，吃虧是福」。

這吃虧是福的哲學，豈不是與我這個垃圾桶的哲學有異曲同工之妙，這些乍看之下像是無人聞問的垃圾，事實上早成了我磨練自己的最佳素材，也成了造就我人生事業發展的重要基石。

環境說

我認為每一個環境，都是自己學習的機會，好的環境是一種正面學習，不好的環境則是一種磨練。

民國六十年初，美國運通國際台灣分公司的主要業務以「空間銀行」（SPACE BANK）為主，我所受雇的旅遊部門，當時還在籌備階段，只有一張象徵性的辦公桌，而聘用我的外籍主管未久即返國。許多和我本業沒有關係的技術事務，都是從自願幫忙隔壁辦公室學來的，那純粹是本著一股學習欲望，也可以說是天生的好管閒事，或者說是一種熱忱吧。

當然為了幫別人做事，也曾經承受過委屈。

公司裡的業務是透過一台龐大的電腦終端機和美國總公司連線，理論上應該二十四小時保持連線，但因為長途電信專線費用貴得驚人，台灣的業務成本沒辦法承擔，我們改為以電話來報資訊數據，再透過香港的分公司輸入到電腦終端機再和美國連線。每天的業務內容不外是將國內幾家和美國運通簽約的飯店，其百分之七的空房交給總公司彙集，以接受統一訂房，並由總公司告知我們每家飯店的訂房率、訂房名單、取消通知等，我們再一一把訊息正確地通知各飯店。這個業務在今天看來一點也不複雜，對內主要是和各飯店間良好的聯絡關係，對外，則包含了電腦操作和TELEX代號等技術，在當時一台電腦比一張辦公桌還大的年代，確實有點難度。

公司裡負責這個業務的小姐平時怕別人學，對操作技術保密到家，後來因為要去度蜜月，由於平時始終對學習積極，所以在側面學習之後我居然成為她的職務代理人。對國內飯店的聯絡，我早已得心應手，對國際的聯絡技術，我也早已「偷偷」學會。第一天，當我把數據報到香港後，我認為自己表現稱職，可是沒想到半個小時後，香港傳回一封TELEX給經理，內容是說這麼重要的工作，以後不該交給傳達來處理。說白了，就是香港方面打官腔。

想想我當時所受的打擊，我是為了超越自己，而自願擔負一份額外的工作，結果對方的反應，不在於我工作上的對錯是非，而在於我的職務階級低。

對我來說的確是個挫折。但我很快地調整自己，對外的業務，我每天將數據代號做好，交由經理報給香港，對國內各飯店的聯絡方法我也略做了一些調整，事後每家飯店不約而同地表示：怎麼原本的小姐不在，效率反而提高了？

職場環境由人組成，有人的地方就有是非。還記得那時公司裡一位小姐，客戶打電話來催著要資料，她說：沒問題沒問題，下午三點我一定讓小嚴（小嚴就是我）送到！

結果眼看已經兩點半了，她的資料沒弄好，卻還在電話線上和朋友聊天，我只能在一旁乾著急。隔天一大早客戶打電話來興師問罪，這位小姐倒能臉不紅、氣不喘地回答對方：咦，怎麼會這樣呢？我昨天明明交給小嚴送去啦，回頭我罵他！

這種莫名其妙的是非不只發生在工作上，有時候甲不喜歡乙，甲在中午吃飯時就跑到我座位旁發一頓牢騷，我只能悶頭聽著，不願答腔；誰知道過一陣子甲和乙和好了，那些對乙的蜚短流長反倒變成是我說的！

這些事情對我來說，並非無關痛癢，但是我必須不斷地告訴自己不要去計較這些，不要被困擾。最重要的是，我知道沒有一個環境是十全十美的，就像沒有一個人是十全十美的一樣，一旦認清這份工作是你喜歡的，工作中具有可以追求的理想、可以學習、可以掌握，那麼就不要被工作環境打敗，那些工作中的小插曲，應該訓練自己愈來愈能處之泰然。

我個人認為，每一個環境都是自己學習的機會，好的環境是一種正面學習，不好的環境也是另外一種磨練，使自己將來獨當一面時不至於重蹈他人覆轍。

另外一個回顧所學到的感受是，當時（一九七〇年左右）美國運通這個以交通、快遞為主要服務的公司，後來發展到銀行、信用卡及旅行支票等金融領域，可說是從一八五〇年開創以來從來沒有放棄改變與創新向前探索的動力。SPACE BANK空間銀行就是利用電腦的容量將全球所有大城市的商務旅館，分別簽約由每家飯店將每天房間數的特定數量（約百分之七）統一提供做為全球旅行者可以自由快速提取運用的功能，其實當時做的業務就是現在紅遍市場的AIR B&B，可是在將近四、五十年前的這項創舉卻因為無法承受昂貴的通訊成本而必須結束營業，而半世紀後的今天，當通訊成本幾乎免費的當下卻快速地成為成功的範例。在這個過程中我體悟到曾經與一位創業朋友談到他的心聲，他說：「當你比市場早走一步而成功，人家都尊稱你為先進，但是當你比市場早走三步，你可能就成了先烈。」

自我尊重

我一直有一個信念：我必須自己先看得起自己，才可能讓別人看得起我。

我在美國運通公司，從「傳達」的職務開始，說穿了就是騎著摩托車遞送文件的工作。試想：一個二十三歲、已經當過兵的年輕人，擔任這種最基礎的工作，我內心給自己的壓力之大，可想而知。但我給自己一份信念：我必須自己先看得起自己，才有可能讓別人看得起我。為了表示尊重自己的工作，也為了公司對外的形象，我不要像一般的送貨員一樣穿著牛仔褲、T恤上班，我每天穿著西裝褲、長袖襯衫，打著領帶上班，哪怕工作範圍只在送件、倒茶水。從上班的第一天我就要讓人家感覺到：雖然我沒有很好的學歷，但是我很尊重我的工作，很重視自己的儀態。這便是一種自我的包裝。當然，最初重視自己的公關禮儀，其動機完全在於表現自我尊重。直到後來感受到服裝穿著的壓力、應對進退的禮節壓力，則是因為實際在社交場合中，發生了幾次不妥的缺失，才真正感到重視個人形象，注重自己的包裝的必要。

記得多年後我被提拔為總經理之後，去參加運通公司的世界經理人會議，第一次會議是在紐約舉行，那是一個在大都會中舉行，典型的、比較嚴肅的商務會議，於是我穿著正式的西裝出席，可說是完全得體恰當。而第二次經理人會議，地點改在夏威夷，還記得開幕酒會時，我搭著飯店的透明電梯緩緩直下宴會廳，我看到幾百個來賓的穿著都很休閒，當電梯門打開時，只有我一個人西裝筆挺地走出來，那真是一個很尷尬的時刻。

從夏威夷的經驗我才瞭解原來服裝的穿著不是千篇一律的，如何在適當的場合穿著得體，早已是國際社交中最初級的禮儀，這也是為什麼外國人在收到邀請卡後，最先要看請帖上針對服裝的說明，如果不清楚通常會再打通電話，詢問應該要穿著何種服裝。自我包裝，其實是自我的尊重與宴會環境氣氛一致，也是踏入社會的第一課。

當然服裝只是國際禮儀的基本常識，在我往後的國際接觸中，更發現在任何場合中別人對你的第一個評價，大部分來自於對你的國家先入為主的觀念，然後才從你的服裝、儀容、應對禮節及學養來改變他們對你的看法。

因為這個關係，使我更重視自己在這方面給人的印象，甚至於後來當我主持亞都飯店時，也特別重視為我國企業家、政治家安排一些適當的正式宴會場合。我深切地瞭解，要讓我們國家獲得更高的評價，必須先從我們每一次出外與人接觸所展現的個體形象來進行改進與努力開始。當然，不論是個人或是國家，只有在先自我尊重之後，才會受到別人的尊重。

第三章 氣度

杜賓犬的誘惑

誘惑是一條不歸路，表面上得到了好處，但「後門」一旦打開，你便要往陷阱中走去，哪怕只有一次……

每個人都有抗拒誘惑的經驗，在我當美國運通公司的總務時，曾經發生過一、兩則拒絕誘惑的小故事。

當時總經理是英國人，那時公司為他在陽明山仰德大道上，向張國安先生租了一棟華宅，這對英國夫婦為了安全希望養一隻狗。我那時在公司的角色有點類似總務的性質，很自然地，成為這次買狗事件的「洋幫辦」。

我陪著總經理夫婦到信義路的狗園挑選，結果他們相中了一隻杜賓犬仔，我問狗店老闆那隻幸運的小狗要多少錢，老闆用台語壓低了聲音告訴我如果四千成交的話，可以給我一千元「意思意思」。我那時的月薪不過兩千元，一隻狗仔的回扣就足以抵得上我半個月的賣力，誘惑固然大，不過我倒寧願狗店以老老實實的價錢賣，我可不希望我的外國老闆因為語言不通、行情不熟而花了冤枉錢。金錢的誘惑根本比不上榮譽感。

總經理夫婦高高興興地擁有了一隻小狗，誰知道兩個星期後小狗生病死了，獸醫院說那隻小狗原本就生病了。吁——我聽到這個消息心頭暗自慶幸，幸好我當初拒絕了狗店的酬庸，後來也是由我回到狗店要求老闆退錢，他們自知理虧，把錢如數退還了。

誘惑是一條不歸路，這是我在工作經驗中，第一次感受到操守的重要性。

後來包括了信用卡、旅行支票及旅遊業務的美國運通國際公司正式成立，時間是一九七一年的十二月，地點在中山北路、錦西街口，台泥大樓正對面。我進公司已經八個月，由原本「寄養」的空間銀行部門調回來，新辦公室設備由我負責配合協助採買，小至辦公桌椅，大到電算機、打字機。

當時公司的做法是「要用就用最好的」，一台ＩＢＭ電動的打字機價錢在五、六萬元左右。朋友告訴我，有的經銷商會從香港進口二手貨，整一整、清一清，賣給國內的公司，所以訂貨、驗收的工作絕不能掉以輕心。當我們經過報價、比價，決定和某一家貿易商訂貨，談妥價錢，簽好合約，過了兩天，貿易商跑來辦公室找我，見面聊了幾句不著邊際的話，臨走前硬塞給我一個信封，我心頭大驚，急忙推還，那人卻不由分說地走了。

我打開信封一看更是大吃一驚，裡面是八千元，相當於我四個月的薪水。我不假思索地直接去見總經理，把情形告訴他，總經理認為約都已經簽了，帳也已經做了，但是沒有理由便宜了經銷商，這筆錢不拿白不拿，就決定把八千元轉交給福委會，當成員工福利金吧。

大概一個月後，訂貨送來了，兩個箱子是原封的，兩個已經拆封過了，另外一台打字機更是什麼盒子也沒有，直接抱來公司。我查看打字機的橡皮捲軸，發現那三台都有使用過的痕跡，可能是舊貨，於是我很委婉地請對方更換，他們保證都是新貨，辯稱箱子是海關拆驗的，在我堅持下，對方很不高興地抱走了退貨。

事情還沒有完，三天後，貿易商透過另一個人傳話給我們總經理：「聽說貴公司有一位姓嚴的年輕人，不但向廠商索取回扣，還故意找碴、刁難廠商。」總經理一聽哈哈大笑，回答說：「那件事情當時我就知道了，八千元在我這裡，你要，可以拿回去，否則我們將轉做員工福利基金！」傳話的人登時傻眼，啞口無言。

試想，如果當時我收下了那八千元的回扣，那麼我在美國運通就沒有將來了，也不會有今天的一切。我相信，在美國運通那些外國主管心裡留下的印象，贏得了他們對我的信賴，多少是因為這些小插曲的緣故吧。

一隻小狗的酬庸，一台打字機的回扣，誘惑無分大小，都是對自己操守的考驗，影響未來至巨，拒絕誘惑非常重要。

這兩件小小的插曲，雖然只是小事件，但卻在我以後人生發展的路途上，發生了很大的影響。**它使我深深瞭解在工作的周圍充滿了誘惑與陷阱，一不小心就可能讓自己身敗名裂，尤其使我明白：與公司協力工作的供應商**

或廠商，他們事實上也是你工作上的重要夥伴，直接關係到你與公司工作的成敗。他們對貨物的瞭解，大多比你內行，如果有他們的配合，將能使你的工作非常順利；反之，若是他們不合作，就算你個人的工作能力再好，也可能因此陷入災難。

因為這樣微妙的關係，如果接受了廠商的回扣，只要一開啟這個「後門」，哪怕只有一次，也將成了你一生的不歸路，萬一有一次，不論是他的產品失去競爭，或是你的公司政策的改變，只要你一停止向他買貨，就得隨時準備看到他們那原本「友善」的眼光一一變色！

過了一山還有一山

超越了環境的困擾以後，我就開始給自己設立了短期的工作目標，這些短期目標，不外乎充實自己基本的工作技能，把生存工具學上手，例如：語文、打字、查國際班機的時刻表，這些都是成為一個國際領隊必須具備的條件。

在我擔任公司傳達六個月以後，由於我的表現，當然也因為公司正值開展業務的初期，需要擴大用人，我得到了第一個升遷的機會：成為公司接待國外團體來台的機場代表。所謂機場代表，事實上就是當公司有國外旅遊團體來時，我必須陪著國內的導遊一起到機場去接機。導遊的工作是陪客人上遊覽車開始介紹風光，而我的工作是清點團體行李，然後裝上卡車、押著行李到飯店，將行李一一清點給飯店，並由他們送到客人房間（當時的遊覽車是沒有行李廂的）。這個工作實在沒有什麼大學問，但是在工作中我卻給自己找到了人生中第一個立志的方向。在接待外國團體的過程中，每一團都有一個外籍的國際領隊陪伴著團體旅行，這個人通常都是旅行專業知識豐富、與人應對得體的旅行專家，當我得知這些人的工作就是陪著客人周遊各國時，我簡直是羨慕到了極點！雖然，我當時的專業條件還差很遠，且我國遊客出國旅遊的風氣尚未成熟，但我私下告訴自己，有一天如果我嚴某人也能夠擔任起國際領隊的工作，我將不知會有多滿足，這就成為我人生的第一個目標。

我知道自己是個好動的人，不屬於死守辦公桌的類型，帶隊出國旅遊、介紹世界風情，這個夢想對我太具有吸引力了。是夢想，就要築夢踏實，要踏實就必須有目標，一步一步接近。

可是老實說，我並沒有十足的把握能成為出色的國際領隊，因為當時台灣人出國旅行觀光有許多困難之處，申請護照、辦理簽證、出團經費等，都是層層難關。

除了自己工作技能的充實之外，出於求好心切的個性，也為了使自己早日能夠成為一位傑出的國際領隊，我做了許多超越自己工作職責的事情，例如我開始擔任業務代表時，負責國外觀光客來台灣後的接待聯繫、簽證問題、交通轉駁、觀光點的安排等。一般人的做法就是傳統怎麼做，就照著去做，公事公辦，可是我對於過去的模式並不滿意，例如一艘遊輪早上六點在基隆靠岸，晚上六點要離開，船上的遊客可能在前一站日本時，就已經事先報名要在台灣這十二個小時內的觀光節目，來台灣的時間既然這麼緊湊，每一個環節就更不容出錯。

於是我每天都親自去試每一個細節，剛下船時給外國觀光客什麼樣的歡迎儀式？遊覽車走的路線順不順？路程需要多久時間？市區觀光四個小時的時間夠不夠？甚至和海關及入境簽證查驗的人員結交朋友，協調他們能夠和我一起在遊輪靠岸前，就盡早先搭船到外海和遊輪會合，在船上便把簽證的業務辦完，使得船一靠岸，遊客就可以有更充裕的時間觀光。（這件事情在公司正式行文入境單位後得到支持，從此以後有例可循，成為往後台灣接待郵輪的標準。）

這些做法都是一種突破，只因為我不服輸，不願被舊有的模式困住，也不願觀光客既然來台灣一遊，失望而回，我只想做得更周到一點。事後證明，我雖然比別人多做了許多，不過我們的確得到遊客很好的口碑，受益的是我們台灣的觀光業。

過了一山還有一山，這個道理不僅是工作歷程中的最佳寫照，也是許多行業裡不時會出現的狀況，許多事情都是分秒必爭的，如果你在過程中稍微有一絲放棄的念頭或意志消沉，那就無法達成任務了。

我在當副理的時候，有一個星期六中午，接到日本的美國運通打來的電話，對方告訴我美國運通總公司的董事長已搭上私人專機飛往台北。我曉得他將要到訪的事情，我們的總經理也已到機場等候接機，對方說：「可是有個小小的問題，董事長助理不知道要為董事長預辦台灣簽證，而他們的專機已經起飛了，有沒有辦法解決？」

眼看飛機三小時內就要降落，唯一駐守在辦公室的我該怎麼辦？於是我想到美國駐華大使馬康衛先生，星期日晚上和董事長將會有個餐敘，就馬上打電話到大使館，但大使先生到淡水打高爾夫球去了；而打到高爾夫球場，又轉接了幾洞的休息站，才終於聯絡到大使先生，央請他幫忙聯絡外交部。

外交部長那天下午正好到政大去演講，又幾經轉接才終於和部長說上話，但他說這事情不在他的權責內，他必須聯絡省警務處（現今警政署），由外事室來決定，我只好努力不懈繼續撥電話，就這樣，直到運通董事長的專機降落的那一刻，外交部才聯絡上外事室主任，並且得到運通董事長可以補辦簽證的特別入境許可。

年輕的時候我經常做這種事，任何狀況我都不會輕易放棄，事實上，也並沒有人非要我這樣做不可，但是就是一種要求完美且對工作的執著，督促著自己全力以赴。後來還有好幾次更緊張、更驚險的狀況，但是由於我深知「過了一山還有一山」的現實，而我就是不願在半途鬆懈、氣餒，往往狀況也因此才能化險為夷。

第二階段

STEP—2

培養領導者的風範

第四章　責任心

挑夫守則

當一個領導的人，絕對不能把自己的責任託付在別人身上，一旦你藉別人的力氣去扛你的職責，你很快會失去自己的立場，而且這個人的喜怒哀樂將左右整個事情的成敗，遲早會出問題的。

一九七三年，我終於如願以償成為台灣早期帶團體到歐洲旅行的國際領隊。由於當時團體不多，因此，我一方面在國內擔任業務代表，而當有團體出國時，就成了國際領隊，心中的興奮，一時間簡直無法形容。但是我也從工作中學習領悟到更多人生道理與領導哲學，這其中最令人難忘的一次經驗，就是在我當國際領隊的初期，曾帶到一個由工會組織的專業考察團體，參加的團員都是一些大老闆，其中有一位先生人緣很好，一路上不停地說笑話，出手也很大方，身上帶了在當時算是很大的一筆美金，他說他就像一個獵人出外打獵，不把子彈打完就很難受，所以經常堅持請客，而儼然便是這一行人的中心領導者。

幾天後，我們的行程到了義大利佛羅倫斯，那天，整個旅行團的氣氛截然不同，那位先生一路上板著臉，不似之前有說有笑，大家都感受到他的情緒不對，於是也都沉悶下來。當我們看過了米開朗基羅的大衛像，接著又去參觀百花聖母院，我因為要為客人安排中餐，所以委託導遊直接帶團體繼續參觀，結果當地導遊在參觀結束後，就自作主張地把大家帶到教堂邊一間商店買東西，這一直是商店和導遊之間一種約定俗成的做法。

等我回到車上，大家已大肆購物，買了皮衣皮件。臨要開車前，這位先生突然又衝下車去，過了一會兒他上車了，大家都看著他期待他將說些什麼，誰知道他以嘲諷的口氣說：你們都上當了，隔壁那家店賣的東西都比你們買的便宜一半！全車譁然，剛才購物的得意和滿足感，立刻被「冤大頭」

的羞辱取代。

中午，我們在城裡一家高級餐廳午餐，原本一路上我們都是安排吃中國菜，但那天佛羅倫斯唯一的一家中國餐廳正好休息。為了怕大家吃不飽（台灣人的飯量比西方人大，這或許也是為什麼他們出國仍舊要求吃中菜的原因吧），我特別點了兩道主菜，第一道主菜上桌後，那位先生看到薄薄的牛排，就忍不住抱怨起來：「哼，呷這甘哪是呷樣本！」冷嘲熱諷的語氣迅速感染了其他人，就算是第二道菜上來，大家都沒餓著，而之前大家也都玩得很愉快，但團員們難免仍對我們帶團的人都產生了抱怨的情緒。

午飯後，行程是參觀烏菲茲美術館，這位先生要待在車上睡覺不下車，我當下決定，不能再讓他撩撥大家的情緒，於是請助理領隊帶大家去，我留在車上和他聊聊。

「朱先生，我一直很慶幸認識你這麼一位明理的老大哥，也謝謝你這一路上對我都很照顧。今天我的工作就是把這個團順順利利地帶出來，也順順利利地帶回去，出國在外旅行，如果處處都和在台灣的生活情況相比，我想那是不可能的，如果這種抱怨出於別的團員口中，我會瞭解也可以去面對和盡力解釋，但如果連像您這樣非常明理的人也開始抱怨，顯然是我的問題，才會引起您的不滿。希望您看在我這個小老弟的份上，把您的不滿告訴我，這樣我才有改進的機會，才能做得更好。」

「沒有啦，沒有啦，是我自己情緒不對，和你沒關係啦！」

後來在我委婉地追問下，他才說出情緒不佳的原因。原來是他那天早上起床後，不知什麼原因心很慌，這感覺在兩年前也發生過，那次他正在日本旅遊，結果回國後才知道父親竟在那天過世了。現在這種不祥的預感又來了，他真不知該怎麼辦，整個人情緒很壞，他想離隊提前回國去。

當天晚上我陪著他打電話（因為時差的關係），結果還果真有事，他工廠裡一個工人不慎摔傷，所幸並無大礙。這通電話解開了他的心結，翌晨，朱先生看到其他團員又是嘻嘻哈哈的玩笑不斷了。

這個事件短短的過程，在那時對我年輕的心中真是一大啟示，我從中領悟到：當一個領導的人，絕對不能把自己的責任託付在別人身上，一旦你藉別人的力氣去扛你的職責，你很快會失去自己的立場，而且這個人的喜怒將左右整個事情的成敗，遲早會出問題。

從這件事情我學到的教訓是，當問題出現時，不要心存逃避，一定要自己去面對，而且愈早面對愈好。

勇於且即時面對問題，是領導人要有的態度；應該放在自己肩頭的擔子，還是自己從頭挑到尾比較好，否則藉別人一時之力，當你再挑起擔子時，只怕擔子更重了。

全方位的領航員

一個領導人，除了能預先洞見危機何在，更要是一個敏銳的情緒管理者，懂得如何放鬆部下的心情。

我在訓練國際領隊時，總是一再強調：帶隊出國的第一個星期，是此行成敗的關鍵，就像到任何一個公司一樣，別人對你的感覺如何，初期一定是關鍵時刻。無論如何，一定要在這段時期付出最大的耐心，以最婉轉的態度來度過。

民國六十五年左右，國人出國旅遊的風氣和今日不可同日而語，現在五萬元就可以到歐洲一趟，當時參加一個三十五天的歐洲團，團費高達十八萬元，能夠參加的人一定是年紀和社會地位都已達到一個高標，但是團員素質和對出國旅遊的認知，卻未必有相對的水準，在這種情況下，領隊更是難為。

最常見的就是團員們每天都計較著吃什麼、住什麼、看過什麼，每到一個觀光點就急著在大門口照一張相，噴水池前照一張相，再到雕像下照一張，然後急吼吼地趕著要知道下一站去哪裡。好像照過照片了，這一個站的觀光目的就結束了，就可以在他的驗收清單上畫掉這個點，情緒是緊繃的，完全不能放鬆心情享受當下的氣氛和特色。

我覺得這樣好辛苦，彷彿世界跑了一圈，只為了照一大堆照片，回去好證明給親友看。遇到這樣的團員，往往搞得當領隊的也很緊張，彼此的關係每天都像是核對帳單似的，完全失去了出國旅遊的意義，可是台灣早期的觀光團，的確大多數人是這樣子的。

當一個成功的國際領隊或是一個領導人，我認為其中有共通的道理，**除了能預先洞見危機何在，「預埋伏筆」取得團員對危機的事前共識，冷靜地化解危機，在這些基本的條件之外，更要是一個敏銳的情緒管理者，能夠放鬆團員或部下的心情，才可說是一個全方位的領航員。**

記得我剛開始當領隊時，每次帶團出國，每天晚上回到旅館休息時，我還會再花兩、三個小時研讀下一個觀光點的資料，坦白說，真的感謝年輕之賜，在經過了一整天的疲累之後，我還能記住：巴黎鐵塔，自一八八七年由艾菲爾設計建造，塔高三百二十公尺，爬到塔頂共一千七百一十一個階梯，在紐約帝國大廈完成之前，它是世界最高的建築。紐約帝國大廈，一九三一年建造完工，高一千二百五十英尺，在當年同時創下了建造業的新紀錄，一個星期就可以蓋超過四層樓。同樣是建築的奇蹟，比薩斜塔，一一七三年動工，二百九十四級階梯，完成後傾斜四點五公尺，此後每年都再斜倒一公釐以上。

經過我這番提醒，終於使團員對於旅行的真正目的有所體認，於是開始訓練他們如何放鬆心情來欣賞當下的風景與文物，耐心傾聽深入瞭解，我為他們準備的各種背景資料說明。就這樣，從希臘巴特農神殿到埃及法老王墓，從一個雕像、一個建築物的年代、數據到錯綜複雜的歷史背景，我把每一個冷而硬的觀光點，變成了溫暖而親切的故事，使我和團員們每到一個地方，不管年代再久遠，風情再陌生，我們都能融入其中，彷彿身臨其境。

同時為了放鬆他們的心情，沿路也每天利用在車上的時間，為他們做每日新聞報導，每日一句英語教學，每日一故事，每日一笑話，總而言之利用各種輕鬆的方式，幫助團員深入淺出地認識觀光地區的人文、歷史及藝術。我對自己工作的期許就是：哪怕是沒有國際概念的老先生、老太太，我都希望在旅行結束後，他對到訪的國家乃至自己的人生都有了更新的看法與體認，而事實上幾乎全無例外，所有旅遊進行不到一半，幾乎大部分的團員都開始改口叫我老師，而當與別的來自台灣的團體相會時，我聽到其他旅行團正迫不及待地炫耀他們採購的商品，而我們團員卻告訴他們，他們多幸運地遇到了一個傑出的領隊，為他們打開了旅行的知識寶庫時，我知道我又完成了一趟辛苦但有意義有收穫的領隊任務。這也成了我後來做為一流企業領航員最佳的實務訓練機會。

所有以上態度的不同，事後回顧完全是起源於自己天性的熱忱，總是覺得旅客窮極一生辛苦累積成就，好不容易到一趟歐洲，希望他們在吃、喝、玩、樂以外，能夠得到一些更深層的觀察能力，無論是文化、文明、藝術、美學。這種無可救藥的熱忱後來成為我貫徹一生的做人做事態度。

「代表」的藝術

扮演代表公司的中間者，對內不能讓主管以為自己隻手遮天，對外要得到公司充分的授權，需要做決定和承諾時，才不會保留、猶豫和退怯。

在美國運通公司擔任業務代表的工作時，我還不滿二十八歲，代表台灣分公司和國內外接洽大大小小的業務。

對外洽談時，對方通常稱我「嚴代表」，其實一般對待業務代表，很少人如此敬重的稱呼，多半是小李、小張，或是Paul、David之類的小名。記得大同公司的承辦人員為我引見他們的處長時，是這樣介紹的：「這位是美國運通的嚴代表，他和別的業務代表不一樣，他真的能夠全權代表他們公司哦！」

這樣的尊重並不是沒有原因的，應該說：我非常清楚自己扮演中間者角色的技巧，這是「代表」的藝術，也就是一般人所稱的「老二哲學」。

每一次要接洽業務時，我總先和我的主管密切地討論，建立出我們的共識以及溝通好我們所能容忍的底限；也就是先弄清楚我們希望的目標在哪裡？但是最不得已的時候我們的極限在哪裡？做了決定之後希望你也不要改變，我也不要改變。得到了這些承諾與授權，在談判的時候，哪怕對方最初不能信任，必須找老闆再談，但幾次得到的答案都一樣，甚至條件更差，那麼對方就會愈來愈相信你的權威性和代表性。

但是，對內我從不會讓主管覺得我隻手遮天，對外任意「膨風」吹牛皮。至於怎樣讓上司安心，讓他覺得你這個業務代表和他很有默契，出外洽談不會亂答應事情，那就必須靠平時培養「信賴」，也就是當你有一個計畫時，你可以和主管商量，在這個階段他有不同的看法也一定會提出，你可以盡力說服和解釋，直到雙方都有一致的共識。久而久之，他對你的見解和判斷力已經有了認定，會把比較容易的決策權交給你，相信你的判斷一定不會使公司的權益受損。

如此漸漸讓主管瞭解他有一個代表在外談判，不但是一個擋箭牌，對他來說也是一種緩衝。在得到充分的授權後，這時我才出去外面接洽業務，需要做決定和承諾時，我便不會保留、猶豫和退怯。

我擔任亞都飯店的總裁後，不但自己盡量地授權給各部門主管，同時也要求各部門主管都能授權給執行的部屬。但是在工作中，判斷不是下賭注，不但要有專業學養的支持，還要有堅持不變的原則，才能在工作的進展上有所助益。

我們許多組織之所以經常授權不清或是不足，大多是因為與主管的默契不夠。做為下屬的一開始要花很多心思在建立與主管的默契與信賴，而做為主管的，當默契形成後則務必要做到授權與放手，有時候要能夠容許小部分的犯錯，甚至於與自己意見相左的嘗試。

第五章 危機與挑戰

第一等危機處理高手

在管理哲學中，最好的危機處理是在危機可能發生之前，就能事先防範，這才是最高明的解決方式。

我在美國運通擔任國際領隊期間，發生過幾個小故事，或許我們可以從這些小故事看到一些管理哲學中，對危機處理的一些啟示。

航空公司和旅館在接受訂位訂房時，因為很多旅行社會在年初先把整年度預計出團的人數與日期預先向航空公司預訂好機位或旅館的房間數，但生意有其淡旺季，因此當時間接近的時候，他們再視實際成團人數把用不到的房間或機位還給旅館或航空公司，而旅館或航空公司為了保障自身的權益，經常也會在年初根據經驗值冒險超收（over booking），平常甚至會超收到可容量的百分之五十，通常到日子近的時候，房間數大多自然會漸漸回歸到預定的目標，但是當遇到旅館旺季時，就會有時失控造成真正的over booking。我通常會把這個情形，當成是一種旅遊經驗告訴我的團員，一方面在他們往後可能自助旅行時，多一個訂房訂位的常識；另一方面在我帶團的旅程中，萬一真的因為over booking而臨時更換飯店、轉搭班機，團員們都因為有了這層事先瞭解，而能容忍和體諒了，我也因而能從容地、專注地解決突發狀況，不會像熱鍋上的螞蟻，一邊急著安撫團員，一邊急著找飯店、找機位。

有一次我帶團到歐洲，抵達飯店時才知道已經客滿了，該飯店為我們安排到另外一家旅館住房，全體團員不但沒有因為要再次班師移駕而抱怨，反而興奮地說：「啊，你說的情形果真發生了！」旅行是學習更多的人生經驗，有了事先瞭解才能臨危不亂，大家都很高興印證了這個道理。

還有一次我帶了一個南歐團，第一站是希臘，第二站是羅馬，第三站是西班牙。

初抵雅典機場時，我就已經做好三天後飛羅馬的班機確認，誰知道三天後當我們高高興興地到機場，滿心期待地飛往下一個目的地時，機場代表卻告訴我們義航員工正在醞釀全體罷工，我們要搭的班機正由羅馬飛往雅典途中，機場還無法得知該班機的機組人員是要降落雅典後就地罷工，或者是由雅典飛回羅馬後才參與罷工行動。

總歸一句話：一切情況未明，我們可能無法順利登機。當時我立刻拿出紙筆，寫下我可能會面對的情況：

第一，最壞的打算——我們走不成，必須多留在希臘一天，解決方法：（A）請領隊助理立刻留住載我們來的飯店專車，無論如何請司機多等一下，多給點小費都沒關係；（B）立刻聯絡飯店訂房，如果原飯店客滿，再試別家。

第二，轉機——除了義航之外，當天還有沒有別的班機飛羅馬？如果沒有就進行第三步：飛往另外一個地點，再轉飛羅馬。

結果很幸運的，在我們原訂起飛的前二十五分鐘，有一班環球航空的班機直飛羅馬，更幸運的是，還有三十個空位，但我們的機票必須經過原航空公司背書才能轉駁。解決方法：（A）請機場代表盯住環航的劃位員，千萬要她守信用暫時為我保留位子；（B）飛奔到義航櫃檯，一口氣之內清楚明白地告訴對方，我們這個團近四十天的行程，這是第一站，羅馬之後還有西班牙，行程緊湊、團員又多，又是旅行旺季，一點都耽誤不得，否則雙方都將負起損失的責任。義航起先不願意蓋轉讓章，認為我在情況還未明朗時就做轉機的決定太早了，經過我一再地「威脅利誘」，同時一口答應他們如果原定班機不停飛，我們仍將搭乘他們的飛機，對方才勉強一張一張、不情不願地蓋章。

就在最後一張機票蓋上了轉讓同意章時，機場宣布義航就地罷工的消息，機場頓時大亂，有的人大拍桌子理論，有的人在航空公司櫃檯間奔跑，都為時已晚，我們已經順利地check in到環航班機，我正把行李一件一件地送上運輸帶。

在管理哲學中，最好的危機處理是在危機發生之前，就能事先化解，這是最高明的解決方式，如果已經發生了問題才去解決問題，只能算是次高明的解

決方式。如何訓練自己成為第一等的危機處理高手，又牽涉到兩個層次的問題：第一層是如何預先洞見危機的存在？第二層是如何事先防範？當然，更重要的是當問題來時都有即時應變的方法與智慧。

危機就是「轉機」，這句話是我當領隊時最好的相關語了。

一般人在碰到最緊急的事情時，往往會陷在震驚的情緒中，把解決問題的辦法寄託在對方身上，唯一能做的就是等待事情的推展，等待答案。我的習慣則是拿出紙筆寫下一切可行的方法，藉由紙筆的工作，使頭腦冷靜下來，逐步釐清解決方法及優先順序，接著就是按部就班去嘗試，若時間真的是分秒必爭，也可以清楚地交代助理或同事分頭並行，直到危機化解為止。總之，務必要從等待事情發展的被動心態轉換成主動掌握的積極解決態度，如此才能化險為夷、絕處逢生，成為解決問題的一等高手。

化險爲夷

不求一帆風順、萬事如意，只希望當每個問題發生時，都有繼續面對問題的勇氣，支撐下去。

對大多數人而言，危機是邁向成功之路必經的考驗，就算你是個天生的領導者，你有見微知著的本領，你能洞燭先機，你擁有過人的好運可以否極泰來，但是你仍然不可免的，要面對危機的考驗。

許多年前，國內剛開始有出國觀光的風氣時，國際旅遊僅限於身分較特殊的少數人，如果想要「環遊世界」，那更是運專辦旅行業務的旅行社都會覺得「誠惶誠恐」。洋菇工會是當年營利首屈一指的工會團體，為了酬謝工會的董監事，決定招待大家環遊世界，這個大案子就由國內旅行社競標。

說實在話，當時國內沒有一家旅行社能估算這個團的成本到底該是多少，結果某家旅行社得標後，就委託美國運通代訂食宿。該旅行社為了合乎成本，不但要求我們訂三星級的飯店就好，而且預測這個團沿途「應該」都會有廠商請客，每日只要安排兩餐即可。不僅如此，該旅行社沒有一個人有歐美旅遊的經驗，就由老闆親自領隊，一方面也可藉此機會多長些見聞。

旅行團到歐洲之後立刻發生問題了：這個領隊英文不好，與我們為他安排的當地導遊完全無法溝通，不但無法為團員翻譯講解，甚至連集合地點、出發時間都聽不懂，有些安排好的活動也因無法溝通而錯過，沿途頻出狀況，團員怨聲載道。直到旅行團抵達倫敦後，旅行社老闆兼領隊打越洋電話向我求救，他說：「完蛋了，團員們快把我踢下車不讓我帶領了，美國運通可不可以趕快派個人來？」

接到這個電話後，我是業務代表，只好在兩天之內趕辦出國手續，比那個團早半天飛抵該團倫敦結束的下一站紐約，當時我也是第一次到美國啊，從來不知道紐約是什麼樣子，那半天時間我飛快地收集紐約的觀光資料，穿梭在大街小巷之間，摸清楚飯店附近的環境。下午趕到機場接機，只見團員們各自拎著行李出關，每個人臉上的表情都顯然已對這個團體失去信心，氣急敗壞，有一位彰化的縣議員一看到我，忍不住爆發出所有的不滿，粗話連天，罵這個旅行團害他們一個個像難民似的。

在現場我無法解釋什麼，只能請他們上車先到旅館，並且以接下來美國二十一天的旅程向他們證明，將不會再受到任何委屈。剛把團員在旅館安頓好，我飛快地去找餐廳、訂位、訂菜單，然後再奔回飯店，這時大家剛在大廳集合好，我就帶著一行人左轉右轉地走到餐廳，那條路好像我曾走過十幾遍似的。接下來每天深夜我不停地「惡補」觀光資料，在博物館、在劇院，我的講解頭頭是道。隨後到了其他城市，我也是頭一遭來，東西南北都還弄不清，只能利用所有的空檔猛啃資料，在團員面前氣定神閒、成竹在胸，在團員背後偷偷的「跑百米」、暗自摸索。

有時候剛到一個城市，我向團員們宣布：「今天中午吃中國菜，保證中國菜！」其實自己心裡也不曉得當地有沒有中國餐廳，向旅館打聽後知道附近有家中國菜，跑去一看，不行，那是美國人開的中國餐廳，趕快又飛奔到更遠的中國餐廳。一路上就是這樣化險為夷，才沒露出馬腳。好不容易行程總算接近尾聲了，最後一站到了東京開惜別晚會，團員們說：「我們這個行程的後半段呀，要感謝嚴先生這位小老弟，要不是他對美國這麼熟悉，我們就不可能這麼順利，有這麼多收穫。」有團員問起我的美國旅遊經歷，我只能支吾其詞，心裡著實鬆了一口氣。

我後來做了美國運通的總經理，第一個旅行大案子是大同公司招待他們的經銷商共一百多人到東南亞旅遊。儘管我們分兩團出發，但一團就有六十多人，仍是非常大的團，行程的安排又多轉折，從台北到香港，曼谷到檳城，怡保到吉隆坡，最後到新加坡，這麼複雜的路線我們沒有任何人走過。第一團由許文馨（他後來成為我離開美國運通後的接班人）帶隊，他的英文很好，但是他也是第一次出國（在當時很多人都沒機會出國，更談不上訓練），怎能教人不替他擔心！這個案子的成敗對我們公司的影響又非常大，出發前他忙於處理證照等工作，等到一切擺平已是臨上飛機了，我沒有機會再給他叮嚀，又不免心中的患得患失，就倉卒地寫了一封短箋，要他上飛機再看。

我在短箋裡寫著：「**Scott：我不祈求你一帆風順、萬事如意，我只祈求當**

每個問題發生時，你都有繼續面對問題的勇氣與毅力，支撐下去。」一直到如今，我都還清清楚楚地記得這封短箋的內容，後來兩團都順順利利地完成任務回來了，可是當時忐忑的心情、驚險的狀況，卻永遠烙印心中。

在這麼多年的管理生涯中，讓我領悟到做為領導者，固然事前的防範、訓練、默契是使組織經營順利很重要的基礎，但無可否認的，我們不可能奢求凡事必然一帆風順，於是面對問題的勇氣與毅力，當然也包括清晰的判斷能力，就成為解決問題的關鍵能力。領導者在某種情況下必須瞭解，如果事情都一帆風順，豈還有領袖存在的需要？

眞實的試煉

應變能力、判斷能力和有沒有天分無關，通過考驗與試煉才是真實的。

那些畢竟都是年輕時的事情了，從沒去過美國卻驚險萬分地飛去當「救火領隊」；到當了總經理之後，由於公司業務快速的成長，當時公司幾乎壟斷了百分之六十去歐美的旅遊市場，因此經常同一個時間有數個團體在世界不同角落運行，經常三更半夜一有電話響起就表示有狀況發生。那時候真的是翻身一抓起電話就得保持頭腦清醒，像個「〇〇七情報員」；當中共高官訪問法國，因此法國臨時取消對台灣人過境免簽證的待遇，必須指揮領隊立刻轉機和西班牙行程對調，孤注一擲如同「賭徒」，派人盯著環航劃位員的行徑又可媲美「虎豹小霸王」……年輕時做判斷比較果決，人很奇怪，在那個環境、那個年齡應是已被培養成當機立斷的高手，而現在年齡大了，遇到事情反而多所猶豫，顯然都是階段性工作條件的不同特質。

我從不認為自己有什麼小聰明，也不以為幾次的險中求勝、化險為夷，自己就是第一。相反的，當重重險阻在前方挑釁時，我的應變態度一定包含了四個要素：

第一，我不畏懼做決定：這個和無可救藥的責任心、榮譽感有關，後來我當了主管，出國公差時很少打電話回到公司「遙控」什麼，也不允許員工為一點雞毛蒜皮的事就急著找我，目的就是要訓練員工能自己負起責任，自行做判斷。

第二，體貼和包容：任何準備再周全的事情，仍不可免地會有意外發生，以體貼和包容的態度取代指責和抱怨，以「我在你身邊」的安定力量，整合大家同舟共濟。

第三，善用領悟和分析能力：愈是自負的人愈容易忽略小節。一些病人口中的好醫生，往往未必是從頂尖醫學院畢業的，他們不抱著優越感，所以比較親和，能實質給病患安慰，減輕痛苦。我很清楚自己的優缺點，我的強記能力很差，如果讓我去管帳或做較死板的工作，恐怕我會搞得一塌糊塗，但如果讓我做直接和人接觸的工作，保險、旅館和旅遊等服務業，我的特質適得其所，所以這又是認清自己的重要了。

第四，耐心和堅持：就如同我寫給Scott的短箋上所言，不求一帆風順（因為那只是把自己的成敗寄託於命運），但求能有勇氣與毅力支撐到最後，我在給領隊上課最後也總是會提到這個精神。半途而廢等於白花力氣，堅持到底，縱使世事未能盡如人意，但俯仰於天地間也能無愧於心。

人家說獅子座是天生的領導人才，我對星座的瞭解不深，但我知道要成為一個領導者，應變能力、判斷能力和有沒有天分無關，通過考驗和試煉才是真實的。

老闆！請我吃飯？

我如果要辭職只有一種情況，我的能力已經成熟，也有辦法使公司轉虧為盈，而公司卻不給我回饋的機會……

我也曾經滿腹理想，有志難伸。

在美國運通我由業務代表做到業務副理後，一直想使美國運通台灣分公司成為「旅行社中的旅行社」，也就是採取批發的方式拓展業務，開發旅行團，不是去威脅國內旅行社的業務，招攬他們的客源，而是將這些旅行社變成我們的客戶。

過去我們是接受旅行社委託代訂機位食宿，但他們對客人的承諾，並不一定就是我們接受的委託，有時他們對客人說住五星級飯店，卻要我們訂三星級的飯店就可以，等於我們的服務品質假手這些旅行社去執行，難免有時造成客人對美國運通的信譽有懷疑，我們揹了黑鍋，徒增困擾。

在我的構想中，由美國運通負責較困難的技術部分，也就是辦理簽證、帶團出國，我們不直接和客人接觸，客源的開發和維繫仍屬於各旅行社，由各旅行社賺取旅費傭金。也就是希望公司能轉型，不是去瓜分國內正在成長的旅遊人口，而是和其他旅行社共同提升旅遊品質，刺激旅遊成長率。以當時美國運通的規模和能力來說，我們做這番轉型，所要面對的是國內數百家的旅行社，那總比直接去面對數千乃至數萬的旅客要好，而且我深信開拓這樣的業務，一定能使台灣分公司長期虧損的業務，起死回生。

我一直盡力向公司爭取進行這個構想，但是因為當時的美國運通是全世界最大的旅遊組織，又有信用卡與旅行支票兩大業務幾乎壟斷整個市場，因此誤認為以其強勢的北美經驗與知名度可以完全掌握銷售機制，這也使得美國運通與台灣的市場始終格格不入、運作成本高卻得不到好效果。每次我提議要強化及組織變革，公司的回答總是在轉虧為盈前不許增加人事和預算，甚至總公司覺得台灣分公司已經成立快要五年了，營運一直不能獲利，正在考慮半年後關閉這個點。

理想不能施展，我覺得心灰意冷。那時從事海外旅遊最大的金龍裝運公司，原任國外部門的經理離職另起爐灶，國外部是金龍公司的最大財源，於是他們的沈總經理力邀我去遞補那個經理缺。我那時剛滿二十八歲，對方從薪水到工作發揮的空間都同意提供我極為優厚的條件，我因為在美國運通有志難伸，幾番掙扎，幾乎答應他們了。

那天夜裡我卻失眠了，輾轉反側愈想愈不妥，隔天一大早就衝進總經理Mr. Bruce Douglas的辦公室，我說：「Bruce，你今天中午有沒有空，能不能請我吃個飯？我有很重要的事想跟你談。」中午吃飯時，我劈頭第一句話就告訴我的上司：「我昨天本來已經決定要辭職了，可是我今天決定不能辭職！（天下哪有人像我這樣講話的？下面的話更精采！）我想想覺得不甘心，**我如果要辭職只有一種情況，就是我不求加薪、也不求升官，而你卻不給我回饋公司的機會。目前我明明認為我有辦法使公司轉虧為盈**，我也確定我的辦法絕對可行，但是你一定要給我支援我才能證明給你看，我所需要的就是三十萬、兩個臨時工和半年的時間，否則，公司培養了我四年多，在我覺得能力已經成熟了，你卻不讓我回饋公司，那我只有跳槽了。」

是的，我在「威脅」我的老闆，因為美國運通當時絕大多數的業務都是由我帶領的，牽一髮而動全身，如果我跳槽了對公司業務更是雪上加霜。結果Bruce在沒有向上報備的情況下，衡量得失，最後大膽的答應了我的要求，給了我兩個臨時工和一筆經費，於是我開始積極的布署，在半年的時間內從北到南，親自拜訪國內的旅行社，溝通想法，推廣大家對「旅行社中的旅行社」的認同。

除此之外，當時我們是國內第一個印製彩色宣傳品的旅遊業者，我主動拜訪歐洲各國駐日本的觀光局代表，自我推銷「台灣的美國運通」，並借回歐美各國的觀光資料、傳統服飾，回到國內舉行多元化、多觸角的展示會，其中和「聯合報系」合辦的歐洲風光展示會，每天報紙以半版報導活動內容，我不但要親自講解歐洲影片，還要安排一群文化大學舞蹈系學生跳希臘及各種歐洲民俗舞蹈的現場表演。這些活動引人注目的程度，後來甚至使得當時任台南市長的蘇南成先生還親自到台北來邀請我們原班人馬到台南舉辦類似活動，同時還邀我擔任他的國際顧問。在我當上總經理以後，有一次以台南市政府國際顧問的身分陪伴哥斯大黎加的大使南下拜訪蘇市長時，六輛大禮車、沿途憲警前導開道、市府前特別安排學生軍樂隊、儀隊表演，完全是國賓身分的禮遇，不但哥國大使驚訝，同行的美國運通亞洲區副總裁——我的上司，也吃驚地看著我，好像在問：你是怎麼辦到的？

回到我受命轉型快速行動短短的三、四個月時間，美國運通在台灣的知名度開始全面躍升。活動辦到高雄時，總公司計畫五年內無法轉虧為盈就關閉台灣分公司的通知下來了，總經理回覆說：「萬萬不可，因為業務指標已經動起來了！不但動起來，而且直線上升，半年後的盈餘超越前四年的總和。」總公司驚訝極了，問總經理：「你是怎麼辦到的？」

Bruce Douglas居然也很坦白的說：「不是我，是Stanley！」

於是Douglas調任香港分公司總經理，我升任台灣分公司總經理。那年我二十八歲，雖然在今天看起來不算什麼了不起的成就，但在那個時間點，除了自己幸運的成為華人區中第一個總經理，更重要的是它因此讓我進一步打開了對一個國際大公司內部運作的認識，看出它的優勢，也見到因為大而潛在的危機。

一個像美國運通這類在世界廣有知名度的國際公司，從國外派來的主管常常遇到的盲點就是認為當地市場理所當然地應當瞭解公司知名度，於是大多只會複製總公司的做法，豈知台灣是個新興市場，無法如法炮製。因此融入市場、發揮優勢才是最重要的方法。

第六章

領導者的Common Sense

領導要能服眾，必須要讓員工有「我在你身邊」的安全感。

在你身邊

當一個領隊，要讓團員們服氣，真的非常不容易，當一個領導人也是這樣的。

我二十五、六歲當領隊，當時能付那麼高的團費出國旅遊的人，許多都是財團世家或企業界的大老闆，他們平常居住華宅，出入有司機，大小事情都有人服侍得妥妥貼貼。現在出門在外，被一個年輕小伙子帶著「團團轉」，規定早上七點起床，就得起床，規定十點上車，動作慢了搞不好還會被人拍著手催促，和其他團員之間又還陌生，他完全沒有了依靠，唯一能倚賴的就是領隊了。

但是一個領隊同時要面對三、四十個人，他們對你的依賴如此之重，你所能夠和他建立關係的機會卻非常微弱，因此更是不能輕易切斷彼此的關聯線。我當導遊時，經常累了一天，深夜十二點剛要睡下，團員咚咚地跑來敲門：「嚴先生啊，明天到底是幾點要出發啊？」明明我已經說過三次了；有時候正在洗澡，電話響了：「嚴先生，你正在洗澡啊，你可不可以帶我下去買郵票？」

我經常對受訓的領隊強調：當領隊最關鍵的信賴感建立期就是最開頭的那幾天，就算再累、再煩，團員找你幫忙的事再微不足道或多麼不合情理，你都不能斷然拒絕，因為那正是微弱的關係發生作用的時機。而且許多老先生、老太太找你幫忙時，他不一定是真的搞不清楚集合時間，或非要立刻買郵票，大半的原因是他們回到旅館房間後，突然獨處了，語言又不通，就像進入一個封閉的世界，他們唯一知道的就是領隊的房間號碼和電話分機，他們來敲門或撥電話，有時候只是為了「試試看」，以防「萬一」。

身為領導的人必須要明白，團員有時只是為了證明你在他旁邊，他就得到了安慰，就像一個小孩子偎到你身旁時，你只需要拍拍他的頭，他就非常滿足。設想你是個領隊，團員在你剛要睡著時打電話再問你一件芝麻小事，你口氣惡劣，甚至斷然拒絕，他可能是出門五天以來第一次有求於你，他可能這一趟行程中只有這件事麻煩你，但你的態度卻霎時切斷團員對你的信任與依賴。

因此，當領隊時，剛開始對於團員們的請託我一定戮力以赴，通常三五天之後，我才找機會告訴他們：我來此的目的就是為大家服務的，如果有問題時，不要猶豫，我就是你們要找的人，如果緊急的問題發生時，哪怕是三更半夜，也請立刻讓我知道；但是我也需要休息，才能繼續為各位服務，萬一事情不是那麼急迫，如果可以早一點或是等到明天再找我的話，那麼還請大家多多包涵。

委婉的表達，一來不會使聽者以為你在指責某人，二來建立這樣的溝通管道，領導人一再強調自身的服務性，同時又要求事情分輕重緩急，大家都會覺得非常合理，欣然接受。帶團出國或是剛進一個公司，初期的階段是關係最微弱也是最需要建立默契的時候，領導人一定要以最溫和婉轉的態度，讓團員或共事者們安定情緒，放鬆下來。

剛到一個新的環境，領導人必須要讓員工有「我在你身邊」的安全感。身為員工又該如何度過初期的關鍵階段呢？我最怕新進員工有兩種現象：第一種是自以為什麼都懂的人，第二種是不懂裝懂的人，因為這樣一來，問題都在偽裝之下，總有一天會爆發出來，錯過了事先防範的機會。

到亞都飯店後，我一再要求主管對待新進員工要採取主動的方式，看到新人主動自我介紹，主動打招呼，同樣新人也應主動地尋求溝通管道，主動表達自己的個性和工作經驗，溝通是雙向的。甚至我認為到一個新的環境，主動暴露自己的缺點，採取開放學習的心態，「哎，我是個新人什麼都不懂，請多指教！」反而更容易在新環境裡得到友誼的支援。人類多數有很奇妙的利他主義傾向，對弱勢一方會油然升起保護之心，真的是這樣。

領導人必須有的認知

做一個領導人，必須有一個認知：劃分領土或據地為王，最後往往高處不勝寒……

當我的業務策略「讓美國運通成為國外旅遊的大批發商」獲得總經理的首肯後，我感激得不得了，奔波全省各地，舉辦大小說明會，卯足全力，讓這個專案在半年內就見成效。一分夢想，萬分努力，唯勤而已。

從進入美國運通當一個傳達小弟開始，我幾乎每半年就調升一次，由小弟而成為總務，再當上機場代表、業務代表、副理，五年後成為台灣分公司第一個華人總經理。在接下來的四年中，台灣美國運通公司成為當時全國最大的歐美旅行批發組織，我也獲選為美國運通世界十大傑出經理。

可是最教我覺得欣慰和驕傲的不是這些耀眼的光環，而是在我擔任總經理的那段時期，正是國內開放出國觀光，旅行業快速發展，各公司間嚴重挖角跳槽，員工流動率非常大，而我的員工卻沒有一個人離開。

我是從基層起步的人，對每一個階層的酸甜苦辣都是點滴在心，基於這份「同理心」的領悟，當我帶領團隊一起工作時，我從沒有劃分「領土」或據地為王的想法，高處不勝寒，我認為當一個領導人，應當有這個認識。

我在訓練專業領隊時非常強調：當一個領隊就是為全團的每一個人服務，旅程中尤其不可以只和你年齡相近、氣味相投的人玩在一起。人是感情的動物，萍水相逢、因緣聚散，對他人難免會產生「投緣」、「不投緣」的感覺，如果一個年輕的領隊，面對年輕團員一說起話就「神采飛揚」，對其他老先生、老太太卻「有氣無力」，怎不讓老人心頭更添淒涼？如果領隊只對年輕貌美的女性團員「服務周到」，對其他人卻「公事公辦」，豈不令姿色平庸的人為之氣結？事實上更積極的做法應該是主動對年長的團員特別親切、多多照顧也不冷落其他團員，才是贏得肯定的最佳態度。

因此，我自己在帶團時，對年紀相近的團員，表示友善，但不主動接近，因為他們大多有獨立運作的能力，過分與年齡相仿的朋友在一起反而容易破壞了團體的平衡，這是我個人的「忌諱」。我到亞都飯店後，每年都分幾個梯次舉辦員工夏令營，一方面提供員工再教育的機會，另方面也是藉機會打散員工年齡與階級隔閡、促進感情交流、增進團隊默契。

溝通如拋球

溝通有三個層次，對上溝通首重培養默契，對下溝通要聆聽部屬的聲音，而平行溝通的藝術則在於忘掉自己……

中階主管的溝通，大致上來說分為三個層次，也就是對上、平行和對下。中階主管對上的溝通主要在於維繫的作用，所以首重培養默契，從互相的揣摩到充分的授權，是有階段性的，上級主管不可能會在一夕之間就完全信賴你，在一開始時，你必須要假設：你的老闆一點都不相信你，因為大部分的人都只相信自己，習慣自己動手做，一旦他必須把手插在口袋裡，假手別人去做事，他的第一個想法一定是「還是我自己去做比較快」，這是人類最自然的反應。

所以當你成為中階主管後，第一個假設就是老闆完全不信賴你，但是你不能不做事。以為多做多錯，少做少錯，不做不錯你就前途無「亮」。培養你和上級主管間的默契是第一階段。怎麼培養默契呢？那就是學會聽指令。最笨的人是在對方開口之前就先說出一堆自己的想法。聰明的人會發問，詢問上級對這個方案的想法或看法，瞭解公司的政策和立場，聽了之後複述一遍，並且在其中加入自己成熟的意見，再次詢問主管對你的意見的看法。

溝通的第一階段，好比一個「拋球遊戲」，雙方在來回傳球中勾勒出共識，培養默契，先聽再說，才付諸執行。

我認為一個好的幕僚人員，如果要得到上司的信賴，在他向主管報告問題的同時，必須先歸納出幾個自己認為可行的方案，他必須讓主管瞭解：所有他想到的模式，你都想過了，將任何一個可能解決問題的方法都說出來，同時也必須分析每一個方案的利弊，最後提出自己的建議，再徵詢主管的意見和裁定。這當中最重要的訊息就是讓上司知道：你不但是一個會聽指令的人，同時也是一個有思考能力的人，而且是多向思考，能夠顧及多層面，能夠分析和判斷。一個中階主管如果在發生問題時去找上司，直接報告解決方案有三，請問主管選哪一個，這做法會讓主管覺得你不夠負責任，這個表現是要扣分的；甚者，發生問題了，你只會說：「報告老闆，我們現在有問題了，請問該怎麼辦？」這個要扣更多分。

當一種成功的溝通模式逐漸成型，你可以在過程中學到許多上司的考量和決策力，這就是你的學習；同時，上司也會在過程中發覺你的思考力、判斷力，慢慢對你產生熟悉和信賴，也就會逐漸願意授權。

許多中階主管在溝通的過程中，往往會自動省略了說明每一方案的利弊，只提出幾個解決方法讓老闆去選擇；其實這個階段非常重要，有的人是因為每次提出方法後都會被修改，有的人是怕被老闆嘀咕，一、兩次以後就乾脆省略了，殊不知老闆有的是開創型的，有的是保守型的，你如果省掉了對方案的說明機會，或許你建議的方法會讓開創型老闆覺得格局太小、缺乏器識，或正好相反，讓保守型老闆覺得太衝動、欠缺考慮。所以在你和老闆之間的默契還沒有確立之前，不要迴避表達意見的機會。

什麼時候可以省略掉一來一往的拋球過程，直接享受默契帶來的順暢感呢？**那就是當老闆覺得你和他之間，對事情的看法都很相近，方案的考量都很雷同，你們的判斷並沒有大差距時，他對你產生信賴感，或者是他已對你的判斷能力深具信心，甚至認為你的判斷會比他更好時，他就自然願意由你放手去做。接下來同質性的事情你就可以處理了，因為對你來說已經不是個問題，你已經得到充分的信賴和授權。**

至於對下層的溝通也非常地難，第一，指令要明確，在明確的中間必須要讓部屬有發表意見的機會。也是同樣的老毛病，大部分的人通常都以為只要下一個命令，就期待事情可以完成，其實並不這麼容易；部屬如果有不同的意見而不說出來，難免也會造成一些負面作用，或是執行上的偏差。

我個人覺得，參與部屬的討論時，在第一階段一定要訓練他們都能充分的表達意見，你是代表老闆傳達決策的人，同時也代表部屬傳達在實行上可能會遭遇的阻力，因此在布達決策時，一定還要加以分析說明，將各種考量和決策之間的因果告訴屬下，**讓他們明白：你聽得見他們的聲音，你早一步就為他們發現了可能的困難**，而這個決策是出於你已經將這些都告訴老闆，已經做了一些修正後，才決定的。

這樣的做法可能在傳達命令時較為婉轉，也較為容易接受。

相反的情況，如何將員工的反應告訴老闆呢？我想，中階主管最重要的就是永遠讓部屬覺得：你是他最重要的依靠。萬一部屬覺得你並不是他的依靠，他有難題你無法解決，他有要求你無法回應，這樣一來，他很容易在工作層級上bypass你，往後就更有理由忽略你的存在。出現這種情況時就糟糕了，他有問題時可能找別人想辦法，甚至直接越級去找老闆說，等於是在「打小報告」。

記得還是在當美國運通副理的時候，有這樣一段插曲：有一天當公司正好中午休息時間，除了值班同仁之外，所有前面坐櫃檯的同仁都紛紛準備要出去吃午飯，偏偏這時來了幾個電話，而正巧當時負責值班的Judy小姐正在渾然不覺地和男朋友講電話，任由電話一直響著。這時在辦公室最裡間的外籍總經理從玻璃窗看到了這個情況，當下十分生氣，於是氣沖沖地快步走到小姐面前，大聲地當著大家面說：「Would you answer the god damn phone!」然後又氣沖沖地回到他辦公室，用力地把門一關，立時全辦公室的人都嚇得不敢出聲，當然我們這位Judy小姐就很委屈地哭了起來，當時看在眼裡的我，立刻瞭解我必須出面來化解這個問題，於是我走到Judy面前對她說：「Judy，不管剛才事情是不是妳的錯，我覺得老闆剛才對妳的態度絕對不對，我請妳相信我，我一定會負責把這個信息傳給老闆，請妳別再難過了，不過同時我也請妳幫我一個忙，到底我們是一個以顧客服務為導向的公司，下一次再有類似情況發生，無論如何要先接顧客的電話。」

我知道當時總經理也正在氣頭上，所以我故意不立刻找他，等吃過午飯我就敲他的門進去和他談話，一開頭我就說：「Bruce，我目前是您最主要的副手，而我又是本地人，我相信我最重要的工作之一就是建立好您與同仁之間的溝通管道，消弭之間可能產生的誤會，進一步更希望維護您的形象，使同仁都能正面地來肯定您這位老闆，喜歡這個老闆，您說是嗎？」他點點頭表示認同，於是我接著說：「今天這件事讓您動氣了我很抱歉，不過下一次為了您的身分與形象，我不希望您再直接去把自己暴露在這樣一個尷尬的場面，我希望您能盡量利用我來做您的『Buffer』（緩衝器的意思）。甚至，您真有什麼不滿，可以直接叫我到您辦公室，您要對我吼都可以，最起碼我可以承受而不會被您嚇到，我有理也敢據理力爭，更重要的是我將可以用我的語言、用我的方式去說服同仁改進，且無損您的形象，這樣不是更能發揮我身為您的助手的功能嗎？」於是他當場承認他沒有處理得很好，並接受我的建議到外面去安慰了一下Judy小姐，這件事就這樣圓滿地結束了，而我的洋老闆也愈來愈懂得利用我做他的「Buffer」，當然同仁也知道我絕對不是個「洋奴」（一不小心就會被我們自己同胞加上去的封號），而且也會為他們爭取權益，並成為保護他們的溝通橋樑。

至於「打小報告」的問題，要預防這種情況出現，就必須把第一階段的關係建立好，也就是讓部屬能充分表達意見，培養你和部屬之間的默契。我自己的經驗是，剛由美國運通到亞都飯店的時候，我就向董事會要求：凡事透過我來溝通，由我以「總裁」的身分向董事會負責。所以在我的一再提醒下，在亞都會有下面這種情況：某員工碰巧遇到飯店董事長，就直接反應了問題，董事長立即反問：「這件事情嚴先生知道嗎？如果不知道，那麼請先去告訴他。」

擔任過主管的人都知道：如果不是透過正常管道來表達意見，員工的話是聽不完的。因為很多事情，同仁往往在自己的崗位上看到單向的問題，而缺乏整體的認識，他如果循正常管道反應，主管可以就已知的背景向員工做正面的說明，如果員工只是以他的看法直接向不瞭解背景的董事會成員說明，往往會有失超然。甚至有些情況，是員工遇到困難越級找人商量，通常是為了逃避責任或別有居心，所以中層主管和部屬之間也要建立默契，其所花費的心力、時間，和對上建立默契的心力、時間是一樣的。

在不同的階段有不同的做法，當初我由運通公司到亞都飯店，我的角色是一個組織者，在當時還不懂旅館經營又缺少「班底」的情況下，我必須要靠部屬來幫助我，和他們建立工作默契非常重要。

至於平行溝通的藝術，我想就是老莊的哲學：無我，在和人溝通的時候忘掉自己。當你每次想到自己的時候，你就沒辦法和別人好好談，因為你永遠會想把自己的理論和想法，強加諸於人，你難免會想要說服別人、影響別人、感動別人，可是以溝通來說，如果你是站在對方的對面，往往很難得到認同，如果你是站在並排的位置，雙方以相同的立場、同樣的角度看問題，可以揣摩彼此的意向，這樣才容易得到共識，達到溝通的效果。

以誠爲本的互惠原則

商業行為固然奠基在互惠的原則之上，但應避開誘惑的陷阱，誠懇更為重要。坦誠、互相體恤，就是我的作風。

商業行為固然奠基在互惠原則之上，但是商業氣息使然，往往讓人忘了互惠的原則應該以誠為本。我在美國運通擔任總務工作以至於後來升任總經理，除了學會避開誘惑的陷阱，更印證了誠懇的重要。

美國運通當時可以說是世界最大的旅行組織，所在地的其他旅行社、飯店、航空公司無不想盡辦法討好。我那時候在處理這些業務時，偶爾會請那些業務員、航空公司的訂位小姐以及辦證照的小姐吃飯，或送些小點心，表示由衷的感謝。大家對我的做法剛開始都覺得很訝異，他們說平日接觸到的客戶，大多都是趾高氣揚、頤指氣使的，我的客氣和友善反而令他們不習慣。

對彼此的公司而言，也許只是生意往來，但對公司底下這些辦事的人來說，我認為，大家都是在努力完成同一件事，絕對不是彼此利用的關係，我也是出自內心地感謝大家，因為是靠每個人的努力才使事情順利完成。

讓我有點意外的是，因為我這樣的態度，使得幾次在旅遊旺季業務最繁忙的時候，我們公司的業務都會被對方主動優先處理，我是打從心底發出誠懇謝意，原本並沒有任何的預期，對方的優先處理也是一種感情的回應，這種互惠，不是利益能夠計量。所以，**對公司一樣是生意，但執事的人有心沒心，才是事情成敗的真正關鍵。**

工作上碰到好幾次瓶頸，大環境的困境有如辦簽證的問題，我們要到國外觀光，一直很難取得簽證，如何找到適當的協力夥伴，雖然美國運通在各國有辦事處，但瞭解台灣的並不多，這種情況下，最合適的就是在香港找到協力公司。我的做法都是主動尋找，全力地給予對方承諾，雖說是對方的老闆和我們簽訂合約，等於運通公司提供了對方做生意的機會，但我想到實際執行的是他的部屬們，因此我定期會慰勞那些協力公司的員工，坦誠、互相體恤，就是我的作風。

我在開發台灣分公司的業務夥伴時，一直採取積極的態度，我親自飛到夏威夷、洛杉磯、香港等地，尋找適當的人才，確定對方是當地市場上最優秀的，便親自拜訪他。例如香港的人選，以前是在英國航空公司負責簽證業務，和各國的領事館關係都非常好，我詢問他是否願意為美國運通辦理簽證，剛開始他可以不必急著離開英航，只要先為我們代辦，我們出團時可以多選擇英航，讓他明白我們的業務量有多大，到時候再選擇是否全力成為協力公司。起先他半信半疑地暫時接受，三個月後他打電話告訴我願意跳出來成立公司，接辦美國運通公司的業務。

當我們把全部的業務委託香港協力公司辦理以後，該公司的營運狀況蒸蒸日上，後來台灣許多家旅行社也爭相找這位先生，他的業務多得接不完，編制的擴張永遠不及業務的量。夏威夷、洛杉磯等地的協力公司，同樣因為我們的委任而變成頗具規模的大公司。

我很自豪的是，我們的作風始終不同，別人是「我賞你飯吃，我給你生意，所以你巴結我是應該的，你對我好是應該的」，但我堅持親自拜訪，同時

把我們的希望和要求很明確地告訴他們，一旦簽訂合約後，我就完全地信賴他們，使他們有完整的發展空間，在生意往來上我們也獲得相當的重視，總是能得到對方盡心盡力的協助，等於說，我們結交了一位永遠的朋友。

在這當中如果我有一點私心，找個朋友親戚和我一起合作，算計自己公司的業務的話，那遲早會出問題。我到現在還是秉持這個原則，如果我承諾讓某個人去做一件事情，就全心全意地信賴他、支持他，直到成功。

直到後來，我擔任亞都飯店總裁三十多年了，我從來不和供應廠商打交道，他們也不需要「討好」我，曾經有位廠商送我一瓶酒，我立刻就回送了兩瓶酒，這樣一來，他們就知道以後不該再送了。供應商和我沒有來往，飯店裡的用品物資，全權交由相關主管處理，我相信這樣各主管才能以最客觀的立場去做判斷和抉擇。

當事業轉航時

就像一艘大船在海上航行的途中決定轉舵，面臨著種種抉擇，我再次地照著鏡子，面對自己……

民國六十六年，政府為了推動觀光事業，提出了觀光事業獎勵辦法，其中之一包括鼓勵國人投資興建國際大飯店。美國運通公司辦公室的房東周志榮先生在民權東路選定了一塊地點開始籌建亞都飯店，我在周先生的辦公大樓裡出入已經八年了，可以說，他是看著我成長的人，其中周太太也曾參加過我擔任導遊的團體，算是對我相當瞭解的一位朋友。在他籌建飯店初期，有時他也會找我討論一些觀光事業方面的問題，出於對朋友的關切，我會提出一些對觀光飯店的看法，因為飯店的位置並不理想，他又花下大筆的投資，我總不忍心看他負擔風險，甚至後來應他的要求，陪著他做了一趟國外的旅館之旅，藉以瞭解世界旅館的最新發展趨勢。

當我們的行程到新加坡時，周先生看過了幾家具國際水準的大飯店，心頭已經明白：正在蓋的亞都飯店，整個規劃設計的方向都錯了，如果只是承襲國內過去的飯店模式，將來的經營和生存一定會有問題，於是周先生立刻指示國內暫時停工。

回到國內後，周先生堅持邀請我去協助主持亞都飯店的開辦事宜。運通公司是栽培我、讓我成長的地方，我的第一個反應當然是婉拒，周先生鍥而不捨，找我哥哥向我遊說，我哥哥深為周先生的誠意感動，勸了我許久，最後告訴我，他認為周先生將會是我的伯樂，「士為知己者死」，我是一個重感情的人，這句話打動了我，於是我決定向美國運通請辭。

美國運通聽到這個消息後，派了一位資深副總裁來台灣慰留我，他們說我是美國運通的資產，歷年來唯一從亞洲地區培養出來的「明日之星」，他們開出前所未有的優厚條件：只要我留在美國運通繼續發展，我可以到紐約總公司或任何我喜歡的部門工作。

我再次分析自己，照著鏡子，分析我自己過去的優勢，我認為：第一，我是在台灣土生土長的，我瞭解這裡顧客的需求，我熟悉這裡的市場環境，懂得公司的制度，所以我才能夠生存，能夠發揮我的長處，這點我應該要有自知之明。

第二，紐約人才濟濟，到處都是優秀的專業人才，我原有的對人、地、物的優勢，可能都將轉成弱勢，更何況就算我再怎麼努力、再怎麼傑出，還是為外國人做事，貢獻給外國人。而且，不只是我一個人面臨遷徙，我的選擇將使得妻子兒女一起離鄉背井。當時正是我國退出聯合國的時期，許多人匆匆忙忙地移民了，但也有許多人掀起了高昂的國家意識，我大可以藉這個工作機會，不費吹灰之力地到國外發展，享受到一份好的工作與保障，但無疑的，我的本性偏向後者的反應，我認為應該留下來，那樣的成就也比較有意義。

第三種可能，如果我繼續在亞洲發展，充其量變成主管東南亞區的副總裁，新加坡、馬來西亞等地分公司都將在職權之內，最上限的發展是亞洲區的總裁，那麼連東京、香港都要管。以當時連辦出國手續都困難重重的台灣人而言，要想使這些亞洲其他國家的人心悅誠服，不是不可能，但也絕非易事。

這個困難的抉擇，我和太太徹夜深談，她也幫著我分析自己，最後結論是做為本地人，或許台灣是我能發揮自己且易被肯定的地方，於是我決定加入亞都飯店，就像一艘大船在大海航行的途中決定轉舵。

或許有人驚訝：「男人的事業，卻和太太談，那豈不成了『崇她社』社員、耳根子軟嗎？」實際上，**我在事業上幾次面臨重大的轉折，另一半都是我最好的聽眾，她對我的瞭解最深，就像我的另外一面鏡子，她代表另外的立場，有助於自我分析的客觀性**，所以我非常認同，如果事業要成功，一定需要另外一半的參與。

第三階段

STEP—3

領導者的管理原則

第七章 人的管理

臭脾氣嗎？

我不是一個「識時務者」，三十二歲年輕的我，亦曾是在董事會上大發脾氣的總裁。

常言道：「識時務者為俊傑」，這句話在一般人口中說來具有正面肯定的意義，但若換成江湖道上的用語，恐怕就變成了一句威嚇的話，下句話可能是：「敬酒不吃，吃罰酒」，再接下來可能就要小心遭報復了。

坦白說，在不同的環境，同樣是正直、拒絕誘惑，可能面對的結果不一樣。在我早期的工作經驗中，很幸運的我是處在一個還算單純的外商公司，我能堅持原則，並且執著地追求理想，從來沒有因為恐懼而變成一個無奈的「識時務者」。我想，在做人和做事上，有些事情可以妥協，有些事情不能妥協，如果必須妥協到歪曲自己的人格，或許你就應該重新評估，是不是還要把你的理想建築在這個工作上了。

我的個性執著，算不上是「識時務者」。在剛進亞都飯店擔任總裁時，如果我是一個很容易妥協的人，我想就不會有今天的局面了。剛開始的董事會上，我就明白地表示：不希望董事直接干涉飯店業務，任何的疑問請直接詢問我，如果我不能作答，那表示是我的缺失，由我來改正。因為我的權力是董事會授予的，它非常地微弱，如果今天飯店有一個狀況，董事和經理之間直接討論，那麼董事的任何一句回答，甚至是不置可否的態度，都有可能瓦解整個授權管理體制。

和我共事多年的特助蔡小姐曾說，我對待員工非常親切而有耐心，從來沒看我發過脾氣，但她可能不知道，在亞都早期，我可是一個會在董事會上發脾氣的總裁。

面對兩位非常肯定與信賴我的老闆，**三十二歲就成了年輕總裁的我，曾經**

因為董事會對公司運作的關懷方式（或管道）不對而發脾氣。基本上，我只是要爭取一份維繫的力量，因為我認為當時正是我和員工之間建立默契、培養團隊精神的時期，所以我必須要求董事會充分的授權和信賴。

今天，當人們看到或讚賞亞都飯店在當年能堅持其一貫服務理念的同時，不能忽略掉那兩位忍受我的脾氣與固執的好老闆。

後座駕駛

我這個初生之犢，第一次「發威」，幸好碰上了開明的主管，才爭取到真正的授權與發揮的空間。

事實上同樣類似的事件，也曾發生在我剛被升為美國運通總經理的時候。我記得正式提拔我的是運通公司主管亞太區的副總裁Mr. Hugh Gallagher，他是一位非常有權威的上司。尤其在我上任初期，我是全亞洲第一個由本地人升任的總經理，不但年紀最輕，又是唯一的華人，說坦白一點，對他們而言根本是他們「本土化」的第一個「試驗品」，所以Gallagher先生雖然大膽地提拔了我，但最不放心我的人也是他。

因而我接任總經理初期，常常接到他「關懷」的電話，當然，我每一回都很有耐性地向他說明與解釋，可是經過幾個月後，這種關懷並未減少，甚至有「變本加厲」之勢。於是，在一次國際長途電話，我經過四十分鐘的說明，並接受他在電話中的「越洋指導」後，我非常不高興地告訴他：「Hugh（外國人如果是相識的，都是稱呼小名，而不講究職位），我已經再三說明了，你仍然無法認同，顯然是你認為你對台灣的市場比我更瞭解，而如果你認為你比我更懂得經營台灣的市場，我想，你應該自己來管理台灣的業務，根本就不應該升我做這個工作。否則，你所應該關心的應該是每年年終最後的結果，而不是每月間因業務調整而產生的小起伏。」說完了這番話，最後，我大聲地告訴他：「你最好停止再做『後座駕駛』，讓我能專心開車！」話一講完，我就把電話掛了，全公司的同仁都被我掛電話的聲音嚇了一大跳，他們從來沒有看過我講話這麼不高興，更何況電話那一端是我的頂頭上司。

最讓人不可思議的是，十五分鐘後，Gallagher先生竟然又打電話過來，他說：「Stanley（我的英文小名），我認為你說得對，或許我關懷過度，今後我會努力調整的。」

主管的干涉無所不在，自己要有信心，要有把握，確知自己的方向沒錯，就要有很大的勇氣「說服」你的上司，倒不是「抗衡」。

後座駕駛的情形常發生於中階主管的身上，任何一個中階主管要往上發展時，都會面臨到這樣的壓力，這時，一般人最可能做的就是「妥協」，妥協的原因不是因為是非正確與否，而是因為對方是你的上司。

我這個初生之犢，第一次「發威」，幸好碰上了開明的外國主管，漸漸地給了我更多的授權與發揮的空間，甚至後來，也因此得到主管常年的信賴與友誼（目前，Gallagher先生已退休，住在紐約，但我們仍保持聯絡）。我之所以敢於堅持，乃是因為我力爭時的出發點不是為了自我的權利欲望，而純然是為了爭取更多的信賴與支持。但是就算到了今天，企業管理中授權的觀念已經很成熟，我仍是不得不佩服、感激當時美國運通的外國主管，以及後來亞都飯店的周董事長、林副董事長。他們包容我的雅量，畢竟不是隨處可尋的。他們都是不可多得的好老闆。

回想起來美國運通是培養我獨立負責態度與董事會權責劃分認知的重要奠基，而這也成為台灣在當時少數能夠厲行專業授權的典範。

自己人？

離開美國運通時，我沒有帶走任何一個員工，我希望在亞都飯店，所有員工和總裁間的關係都是全新的，沒有自己人，當然也沒有外人。

剛到亞都飯店初期，面對領導統馭的問題中，還包括了如何能使各方找來的高手一起融洽地工作。

當初我隻身來到亞都飯店是出於兩個考量：第一，我對前一家公司充滿了感激之情，我也知道我的轉換跑道對他們是一種傷害，在這樣的情況下我更加不願意帶走任何一名同事，以免對美國運通造成更多不便。第二，**對於亞都的新同事而言，我和他們任何一個人的關係都是一樣的，員工和總裁之間沒有淵源、沒有背景，大家都是全新的關係，假設我自己帶了一批人，就會變成有一組人是「自己人」，有另一組人是「外人」。**

當然這種模式，隨著我加入亞都飯店開始創立了一個新的服務理念與風格後，也就演變成另一種新的企業文化，而這另外一種服務文化可以以當年亞都台中永豐棧麗緻酒店的管理為例。麗緻酒店開幕時，幾位重要的幹部全是由亞都飯店過去的，那是出於另外一種考量。因為儘管早在十多年前我就已經對亞都員工強調：飯店以對客人的服務為主，應該是倒三角形的管理模式，倒三角形最上層的第一線是顧客，第二層就是直接和顧客接觸的服務人員，依次才是部門主管、經理、總裁。直到今日這個觀念在國內的飯店業界仍難落實，但「亞都人」卻已經有了這種習慣和默契，若要在最短的時間裡，將這個觀念推行到一個新的組織，最好的方法是派駐「亞都人」擔任重要幹部，強勢影響。所以你到台中永豐棧麗緻酒店（目前已改名為永豐棧酒店獨立經營）會發現員工的服務氣氛很好，我想就是因為「亞都人」發揮了他們的影響。管理模式中，沒有一套理論是絕對的理論，我的觀念是愈是自己人愈要吃虧，要比別人能體諒和擔待，要做的比別人多，才能起示範作用，所以他們不是去顯示特權而是去影響、說服別人。就這個角度來看，當你已經培養了一群和你理念一致的人，那麼就會有更多的人為一致的目標努力。

記得我初到亞都，周遭的人對我的能力完全陌生，我主張的許多突破性的做法，剛開始時著實讓許多人驚疑，例如飯店業的旺季通常在每年十月，當時亞都的軟硬體設施都已經完成了，但我堅持不急著趕這一波旺季，反而在飯店的對面成立了員工訓練中心，設有員工實習餐廳、酒吧和廚房，所有服務員工每天穿著制服上課，像一個學生一樣能夠熟背每道菜的材料和做法。我則每天中午安排宴客，請到了許多政要名人，到訓練中心「試吃」，這個時刻就是服務人員最重要的臨場經驗。同時我還聘請了好幾位瑞士洛桑餐飲學校的專人來教授餐飲課程，那三個月中，每一名員工都接受了非常完備的理論與實務的磨練。一九七九年十二月亞都飯店正式開幕，我們在低迷的市場裡好整以暇地開始營運，不是靠廣告的手法介紹這家新飯店，而是以接受過我們服務的客人一致的讚美，就在他們的肯定、主動的口耳相傳中奠定了業績。

談到這段過程，我就不得不特別感謝當時我的媒體顧問蘇玉珍大姊，對於從外商公司轉任本土企業主管，可能我最大的弱點就是對於當時檯面上有影響力的人物認識不夠，在她的引介之下開啟了我及亞都與外界聯繫的管道。瞭解自己的弱點，善用他人的長處，在此得到另外一種印證。

識人之明

試用期就像「試婚」一樣，路遙知馬力，日久見人心，許多人應徵時頭頭是道，但性格上的弱點大致藏不過這一百二十天。

我累積了這麼多年的工作經驗，如果說有一點點小小的成就的話，我想原因在於：從一開始我就感受到，而且愈來愈深信，從事服務事業的人員，其工作的基本態度如何，將對服務業的成敗有非常關鍵性的影響。

我在運通公司擔任業務代表時就非常堅持這一點，後來成立了國外部，乃至擔任總經理實際主導公司運作時，我便從培養國際領隊開始，落實服務業基層人員的品管。我自己是台灣最早期的國際領隊先鋒者之一，深深瞭解當一名專業領隊其耐性、工作態度、語言能力等，都將影響帶團品質的好壞，尤其在運通剛開創國外旅遊的階段，每一個團的成敗都直接攸關公司的業績，例如初期我們一年共出十個長程的團體（平均一個團體出門就是三十天），每個團都是代表作，不能夠有一點點閃失。

我們刊登求才啟事，門檻設限不多，既能出國又能旅遊的工作，自然使人趨之若鶩，我們的目的就在於廣徵人才，每次應徵都有兩、三百封的回函，過濾後挑選十二人，這群人必須再經過為期四個月的訓練，通常等到受訓期滿，只剩下二到四人。

我們在應徵的最後一關都會中肯地告訴對方：因為國際領隊職務上要求的條件非常地多，它不僅考驗你的語文能力、旅遊經驗和世界地理常識，中間的每個細節也都在考驗著你待人處事的能力，所以我們除了筆試、口試這些表面能力的測驗之外，最重要的還是對人格、個性的觀察。在受訓的四個月當中，每個週末都是上述這些考核的一個階段，倘若我們在期間發現受訓者個性上、態度上有嚴重的缺失，將足以影響到勝任領隊的工作，那麼我們會在週末發出通知書，同時結算該員受訓期間的薪水，終止培訓計畫。

明白我們的淘汰率是這麼嚴格，清楚將面對一點也馬虎不得的訓練，並且願意接受這層層考驗的人，寫好承諾書，最後由我親自篩選十二名，我總是強調：落選的人絕對不是能力遭到否定，而是個性的因素，但個性的缺失，將來可能會成為國際領隊工作上的致命傷。最後出線的十二名條件都非常優秀，但最後，仍有三分之一以上不適合當領隊，有時我們會主動爭取他嘗試公司其他工作，如不符合他的意願，我們也不會耽誤他在其他領域發展的可能。

這四個月的訓練期就像「試婚」一樣，路遙知馬力，日久見人心，許多人剛開始都有模有樣，但性格上的弱點經過這一百二十天，都在我們派予的小任務中一點一滴暴露出來，有的人自私、有的人貪小便宜，有的人只是單純的溝通能力與耐心不足，可是這些特點卻變成了他將來擔任此項工作的致命傷。

一般嚴格的公司對新進員工都有三個月的試用期，但在試用期間能確實執行考核的公司並不多，我們的做法不是「試用」，而是更嚴格更長時間的「訓練」，其原因就在於要成為一個能獨當一面的專業領隊，實在有太多要考量的層面。最明顯的例子就是簽證的問題，當時我們有那麼多國家沒有邦交，申請簽證非常困難，一個旅行團帶出去，稍微有點差錯，整團人馬在國外動彈不得，如果領隊的應變能力不夠，將導致不僅是公司，甚至團員的人權、國家的形象都可能受損。

美國運通後來能夠成功，都是因為這幾個國際領隊都非常優秀，他們許多人至今仍在旅遊界，多數都已經當老闆了，每年教師節他們都會寄卡片給我，感謝我做他們旅遊界的啟蒙師。雖然這是恭維，但是卻一再提醒我識人的重要。做為一個領導者，我深深感覺優秀的人才才是公司最重要的資產，選擇用人不僅要由公司的立場考量，更要看清每個人不同的資質，有能力的高下，也有品德的高下；有適任的實力，也有發揮的潛力。前述兩個層面無疑都是後者更為重要。

船長與大副

選擇副手的原則是，能夠涵蓋你的缺點，又能發揮你的優點，彼此能夠互補，一方執行、一方整合。

我一直堅持選人重要，接受了亞都飯店董事長周先生的委託，擔任亞都飯店總裁，剛開始飯店還在籌備期間，我對於人的管理有經驗，對於服務業有心得，但是飯店的管理還包括了餐飲、旅館的專業領域，在這方面我堅持聘請專業人才來管理，於是請來一位義大利籍總經理巴恩博先生。他的個性非常暴躁，但是專業的知識卻很傑出，籌備期間我們的合作還算愉快，但是九個月後飯店開幕，當整個團隊一開始運作以後，我發現問題來了。

我的領導風格著重在信賴和說服，他則要求部屬絕對服從，他從另一個從前工作過的飯店網羅了一位同仁，擔任員工餐廳的經理，這個人便成為他的「包打聽」，只要有部屬在員工餐廳裡發點牢騷，話立刻就會傳到這個總經理耳中，這個手段簡直和希特勒時期的「秘密警察」沒兩樣，如果以這種方式管理，很快地部屬都學會了「陽奉陰違」。此外，這個義大利總經理的脾氣太火爆，員工一出錯就被罵得狗血淋頭，大家都只是怕他的兇，而沒有真正解決問題。

一年聘約滿後，我決定辭掉這位義籍總經理。當時做這個決定非常艱難，一方面我希望由專業人才管理專業項目，另方面飯店剛開始營運，管理階層的變動直接影響執行，但如果我漠視他的缺失，只怕他的作為對全體員工士氣都是更大的打擊，更何況要建立一個可長可久的企業文化，開始的奠基最是重要。

我猶豫是否應該再補進一位新的總經理，這樣一來，無論是我或全飯店員工，對於這位新的管理人都要再經過一次摸索和適應，萬一這個人又不適任呢？飯店剛起步的階段，我們應該全力施展在對外的服務上，如果要一再面對內部的整合，恐怕所有的人都疲於奔命。於是我做了更艱難的決定，就是由我親自領導飯店每個部門，於是我決定搬進飯店裡住，每天二十四小時與飯店的員工在一起，以強勢領導把服務的理念帶進公司，使整個飯店在最短的時間裡步上正常運作的軌道。

事後，雖然這位總經理在當時對我的決定很不能諒解，但是在他後來的工作經驗中也慢慢體會了我領導的苦心，甚至後來他陸續在台灣另兩家飯店工作，最後也都難逃被解聘的命運。記得在他離台前夕，到處聯絡我，只想告訴我他認為我當時這樣做的原因他已能瞭解，我們也重新變成好朋友。每次來台他都來看我，而亞都也成了他在台北歇腳的家，畢竟在開創初期他對我們有很大的貢獻，我也永遠感謝他、懷念他（巴恩博先生已於一九九五年過世）。

選擇副手方面，大部分人都希望找到與自己個性相投、理念一致的人，但事實上這種方法本身存有幾點危機：一、這種人與你個性相像也往往缺點一致，容易造成優點集中、缺點卻愈見明顯。二、因為想法一致也會在決策上造成偏向無人導正提醒。所以我認為找到最理想的人選就是能夠涵蓋你的缺點，又能發揮你的優點，彼此能夠互補，一方執行，一方整合，你要有雅量包容他和你不同之處，也要給予空間讓他揮灑。不論我過去在美國運通，或是後來到亞都飯店，幾乎都是秉持這個原則來選用副手，我也非常幸運地都與他們互補長短、充分發揮。

管理人的反訓練

當主管不是只靠常識經驗。人事管理、財務編列、市場行銷，以及專業知識，這四點缺一不可。

我覺得在美國運通的工作過程，讓我受益最多的一點，在於這個國際性的公司讓我眼界開闊了許多，我可以和世界各個分公司接觸，在接觸中可以瞭解到世界各國不同人的個性、想法、作業方式，以及各國不同組織的運作方法，可以說在美國運通的前四年相當於我的「大學教育」，而擔任總經理後的四年階段大概就相當於我的「ＭＢＡ」，從財務、預算，到公司架構、市場行銷、人事制度……等等。

在我的學習中，**我認為做一個真正成功的專業領導人，必須具備四個條件：第一，必須懂得人事管理；第二，必須會財務編列，能夠做預算控制；第三，必須懂得行銷市場，必須會賣產品，不管是怎樣的產品；第四，必須具備**

專業知識。

我擔任運通公司總經理後，便從這四個層面分析自己，同樣的到亞都擔任總裁後，我也再度做了一次比較。人事管理方面我已經具備這種訓練，從用人的選擇到對上層主管的負責，我都已經學習了許多經驗，能力非常充足。在財務和預算的控制上，我也具備了應有的條件，行銷方面雖然旅遊和旅館是不同的產品，但同屬服務業，觀念可以共通。唯一的弱點，就在於專業知識的範圍了。

四個當領導者的要件，我具有了三項，我想這大概也是我到亞都初期能夠順利勝任的原因之一，領導上了軌道後，我才開始自我「反訓練」，回過頭再教育自己。

旅館管理中，有很多是一般常識，員工可以依常理的判斷就知道該怎麼做，管理人可以要求客房要保持清潔，而不必深入到該怎麼吸地毯、怎麼刷浴缸；管理人可以要求洗衣房務必把客人的衣物洗乾淨，而不必干涉到用什麼洗潔劑。但是萬一出現問題時，例如客人反應毛巾太蓬鬆、吸水力不好，管理人此時就應發覺問題的癥結——噢，原來是因為要求毛巾一定要柔軟，結果過多的柔軟劑使吸水性變差了。有了這一點專業知識，就可以要求洗衣房改善，至於用量的比例到底怎麼樣最適合，還是由洗衣房專業的部門來解決。管理人的反訓練，目的在於使自己深入專業，容易發覺問題癥結，在要求執行上仍應保持分寸。

大體而言，旅館管理分客房和餐飲兩大部門，對管理人來說深入專業自我訓練，餐飲的困難度比較高，當主管的不能只靠常識就足以應對。當亞都飯店決定把中餐部的湖南菜改為杭州菜，我們的廚師重新學起，我也每一堂課都跟著做筆記。在技術層面上我當然無法與廚師們比較，但是在觀念領悟能力方面，我是全新學習，不像廚師難免「積習難改」。另方面，我是個標準的「外食族」，口味上的嘗試比較多，容易嚐出最好的菜色，所以後來我也穿上圍裙和廚師們一起待在廚房裡，目的之一就是把握新菜色的特點。

第八章　領導風格

權力不是謀術，企業管理的趨勢也不允許一成不變的「威權領導」，但視階段不同，強勢作風只是一個過程。

強勢領導

在亞都飯店剛剛開始的時期，我堅持了幾個方向，要求全公司一定要達成：第一，我堅持飯店大廳不設櫃檯；第二，我堅持從機場代表接機到飯店門房為客人開車門，每一位前線員工一定要能正確地叫出客人的名字；第三，我堅持客房裡一定要事先為房客準備好印有其名字的信紙和名片；第四，應接客房的電話，一定要能叫出房客的名字……這些都是別的飯店沒有的要求，可以說，台灣的旅館從來沒有這樣做過，但是因為我確定這是一個正確的服務態度，這是一個理想的服務水準，所以我要求大家一定要做到。

另外，亞都飯店從開幕以來，堅持不收團體客人，當時台灣業界對我的決定充滿了驚訝和懷疑：「有沒有搞錯？你自己從旅行業出身，和旅行社都是朋友，怎麼不要做旅行團的生意？」其實當我做出這個決定時，我自己已有個信念，然而我一旦執行後，卻沒有機會去向所有質疑的目光解釋。我所延請來的各部門主管，出身自希爾頓、國賓、統一等各大飯店，每個人的專業知識都比我多，對飯店的管理他們都比我懂，一說到飯店管理，每個人各有一套理論，某甲說：「咦，我們以前都不是這樣？我們是……」某乙說：「才不呢，我們以前也不是那樣，我們是……」某丙說：「不不不，都不對，我們以前是……」十人十意，百人百意，這樣的爭論無助於飯店步上軌道，我只好要求大家停止紛爭，照我的方法去做，我說：「這段時間就叫『強勢領導時期』，我們沒有時間再去培養默契，我也沒辦法一一向大家解釋，這是『做』的時期，沒辦法談民主、談溝通或談挑戰，但我會在往後慢慢說服大家。」於是我每天住在飯店，從早看到晚，「盯」得很緊。

第二階段就開始「輔導培訓時期」，在這段過程中要做很多的妥協，要做許多新嘗試，更重要的是容忍犯錯。現在亞都飯店的管理屬於第三個階段，我完全放手讓他們去做，也就是「充分授權階段」了。**權力不是謀術，強勢領導不是一成不變的，企業管理也不可能單憑「威權領導」，但視階段不同，強勢作風只是一個過程。**

永續的領導管理是這樣，單一個案的領導管理也是如此。

一九九二年世界青年總裁（Young Presidents' Organization，簡稱YPO組織）會議在台北舉行，由我負責主辦。這個組織是由全世界各地優秀的青年總裁組成，目的在於領導者的經驗交流與增進，同時達到聯絡情誼的功用，由於會員本身即是企業界的焦點，因此YPO會議向來不做公開活動，避免引人注意，期使會員在會期中都能放鬆心情，全神進修。

由於與會的會員多達八百多人，每個人又都是國際企業的精英份子，素質相當高，一個星期的會期中每一細節都不能馬虎，所以我們的籌備工作早在一年前就開始，直到會議正式展開的前幾個星期，YPO專辦國際教育訓練的組織（Professional Conference Organization），由ＹＰＯ總部Dallas來台，十多位專業的工作人員和他們的電腦一起進駐台北，再加上台北ＹＰＯ會員分別提供的五十多位本地秘書及近百位工作人員，緊鑼密鼓地做最後的安排。在團隊組成的初期，我領導著這群專業人員細心規劃每一個流程。我的參與非常地深入，從會場的布置、會議廳的安排、開幕酒會、閉幕儀式、每天幾乎二十四小時都有的參觀活動，甚至活動手冊的編排印製、資料夾的皮質、每天送什麼樣的紀念品等等，每一個細節事必躬親。每一次會議我都要求各部門重複報告其工作項目和流程，目的就是使大家不厭其煩地熟悉這些瑣務。我想，我的態度是強勢的，那段時期我自己每天只有極少的睡眠時間，秘書團的壓力也很重，咖啡耗得極兇，全心將目標都放在開會的那一天。

啦啦隊長

當我們在和時間競逐的時候，手段是強硬的，但心絕對是柔軟的，我是一個啦啦隊長，部屬需要的是加油和打氣。

直到會員報到的當天，我搖身一變，不再當一名叮嚀、監督的角色，只是一個組織者，各部門的事務按部就班自主運作，萬一發生問題再由我來解決。一切進行非常順利，在凱悅飯店二樓的報到處旁邊，設有一個「時差調整室」，每一個來自世界各地的會員驚喜萬分地在宮殿式的房間裡享受指壓，立刻消除了長途飛行的疲勞。報到的大廳更是從六十人的國樂隊，到各種平劇的角色穿插其間，外加精緻的自助餐飲，讓報到的人感到一波又一波的興奮與意外。隔天早上的開幕儀式前發生了第一個危機：我們原本在活動手冊中說明這是個簡單的儀式，大家準備輕鬆的服裝即可，誰知道當天早上總統臨時答應將蒞臨主持開幕（其實是當時的國安系統過度嚴謹、要求保密），眼看愈來愈多的會員穿著休閒服入場，在那個節骨眼已經無法追究是誰聯絡上的疏失，於是我透過廣播說明總統將出席，婉請大家更換正式禮服。結果時間是耽誤了一些，但沒有出紕漏。可是部分會員多少有些抱怨，於是我在貴賓離去、節目結束前上台當場向大家說明是我個人的疏忽，請大家原諒。

會期第一天的黃昏，下午五點多，我們正好有一個空檔，於是我召集了全體籌備小組緊急到會議室集合。大家到齊了，面面相覷，表情都很凝重，心想八成要為早上的事情挨罵了。我進會議室開口說話，很簡單的幾句話：「大家辛苦了，我要大家集合，不是要給你們hard time，這不是給壓力的時刻，而是我們該celebrate的時刻！除了一些小瑕疵，我們不是都做得很好嗎？」話說到這裡，立刻由侍者端進盛滿的香檳，大家歡愉驚呼，氣氛迅速飆上最高點！我是一個啦啦隊長，部屬需要的是加油和打氣。

會期結束，一切圓滿，ＹＰＯ會員一致覺得享受了一次終生難忘的愉快經驗，他們有的人看了觀光茶園；有的人去參觀果菜市場；有的人學了一套太極拳；有的人一大清早到農禪寺做早課；有的人念念不忘太魯閣的風光、九份的黃昏；有的人懷念最後一晚的滿漢全席。而工作團一行人也束裝返國，臨走前他們交給我一張聯合簽名的卡片，上面寫著：這是他們最愉快的一次工作經驗，也是他們所有參與的國際會議工作中，得到睡眠時間最多的一次任務。稍後，我接到Dallas總部的邀請，他們認為這次會議精采成功，希望我能夠去接掌YPO世界資深副主席的領導工作（這個角色意味著第二年我將擔任全球的主席，我知道那並不是我個人追求的目標），我雖然婉拒了，但是對於他們的邀請覺得很窩心。

當發生緊急狀況時，身為領導者必須掌握起擔負責任、解決問題的角色，對於已經發生的事，當下施壓究責只會讓大家在慌亂中更形緊張，於事無補。

總裁也舀水嗎？

如果一個領導者不夠冷靜，面臨危機，不能適時擔任起指揮策劃的角色，還要領導者做什麼？

一九八七年夏天，一場颱風，台北市靠近基隆河和低窪的地方全都淹水了。那天中午我在家裡，打電話問飯店的情況，他們說還好，下午又來一通電話，說飯店快淹水了，我立刻趕去，車子只能勉強開到民族東路、濱江街一帶，我脫下皮鞋，涉水走到飯店，飯店門口堆滿了沙包和麵粉袋，所有的員工正一勺一勺地把水往外舀。

我一看那個情形，二話不說，捲起袖子就和大夥一起舀水，舀了好一陣子，水仍舊不斷地滲進來，我腦中突然響起一聲大喝：**我到底在幹什麼?!** 如果我們只會這樣舀水，就算天亮了也舀不盡，很快地大家力氣都會用完，到時候怎麼辦？我只知道我們的飯店絕對不能淹水，地下一樓、二樓有機房、冷氣主機、廚房、倉庫、洗衣房，一切飯店運作的重要設備都在地下一、二樓，萬一這些設備泡水，損失的不只是物品，到時候我們可能需要半年的時間才能完全恢復營業。

於是我開始打電話找人借抽水馬達，當天大部分的店家都關門了，最後我找到了做機械的三哥，請他無論如何一定要想辦法弄到一台抽水機，我們的電話線路隨時有可能中斷，我只能一再拜託他不管從多遠的地方，不管時間已經多晚，一定要幫我送一台抽水機過來。

然後我開始指揮員工，一部分人繼續接力式的舀水，一部分人把大廳的地毯捲起來擋在地下樓梯口，由於積水有盈尺深，地毯一時承受不住重量，我和大夥還滑了一跤從一樓摔到地下室，摔得七葷八素。謝天謝地，半夜時抽水馬達終於送來了，當時同仁已是筋疲力竭，如果沒有這個救命的抽水機，我想我們絕對無法支撐下去。我和全體員工一直整理到中午，飯店才大致恢復舊觀。第二天早上，我指示員工將尚未復原的地方以屏風圍起來，繼續工作；另一部分人則穿上西裝，回到原工作崗位服務顧客，且不露倦容。由於外面街上積水仍未退，房客無法外出，我們便在餐廳二十四小時提供客人免費自助餐。

讓人覺得啼笑皆非而又感動的是：雖然當時水淹及胸、停水斷電，颱風夜還是有旅客搭著市政府派的橡皮艇，堅持要投宿到亞都飯店。我已經將一些客人轉介紹到沒淹水的飯店去了，但仍有部分客人，特別是老顧客，寧願待在亞都，甚至，有的客人看到飯店員工不眠不休地搶救，也主動地參與舀水、拖地，他們真的是把亞都當作自己在台北的家看待了。

如果一個領導者不夠冷靜，只會跟著一起舀水，結局會如何呢？**當危機來時，領導者的反應跟大家都一樣，不能適時擔任起指揮、策劃的角色，還要領導者做什麼？**（事後證明亞都飯店周圍的所有大樓地下室全部灌滿水，亞都是唯一倖存地下室未淹滿的大樓。）

不捨

一九九三年，為著台灣觀光事業的榮衰，我開始致力推動政府開放「免簽證」，這之中透過層層關卡，歷經重重困難，除了凡事大處著眼的胸懷，我有的只是不捨的精神。

一九九三年，台灣的觀光事業面臨到市場上劇烈的變動。探索其原因，一方面是台灣經濟層面的問題；另一方面則是長期以來台灣的觀光事業一直沒有一個新的賣點，於是整個市場便一路下跌，從最高的每年二百萬人次，萎縮到九三年只剩下一百八十四萬人次，觀光業憂心忡忡，旅館業也愁眉不展，只得在惡性競爭下拚命降價，結果又自食了惡果。

在一次觀光協會的會議中，大家正苦思著該如何突破困境，我便提議：以此時台灣的資源，如果冀望在短時間內做出具體的改革與包裝，無論在政府的預算與種種大環境的問題上，自然都是困難的，而唯一可以立竿見影的方法，就是將台灣簽證的障礙，做一個適當的排除！而所謂「簽證的障礙」，實際上來自於幾種狀況：其一是政府向來的保守，外勞問題、安全考量，都是開放簽證的阻礙；其二是外交問題，我們常將「簽證」做為是對等互惠的手腕，當對方開放給我們免簽證的優惠，我們才對等的開放。事實上，我以為這是一個似是而非的論調，因為有許多國家其實對我們並沒有安全上的威脅，也沒有外勞的問題，再則，我國政府在海外所設的正式辦簽證的辦公處非常地少，往往要辦一份台灣簽證，必須跑到很遠的地方，對很多觀光旅客而言實在是一件麻煩的事，所以，如果能突破入境簽證的障礙，對觀光事業將有極大的助益。

我提出了這項開放入境免簽證的建議後，立刻得到了在場與會人士熱烈的回響。

其實，「免簽證」在台灣並不是一個新的議題，在執行上卻因政策的保守而一再遇到困難。但是這一次問題迫在眉睫，壓力不言而喻，因此我就被推舉為推廣台灣免簽證事宜的召集人，開始著手各項推動的工作。首先我將台灣各個相關工會、協會，諸如旅館工會、導遊協會、領隊協會、旅行工會等等理事長結合起來，由我作主動的協調溝通；此外，我開始聯絡外交部，徹底瞭解開放後會遭遇的種種困難，也拜訪了與簽證問題有密切關係的國安局，最後再透過立法委員丁守中先生的協助，在立法院先辦了公聽會，再逐步至每一個部會去協商。這中間艱難重重，好不容易外交部終於同意將我們所提開放十二個國家（包括日本、美國、德國、英國、義大利等等）免簽證問題送審，卻沒想到我們派駐在國外的外交單位卻出現了極大的反彈，事情至此又擱淺了。

當然，就外交單位而言，簽證是一個外交的籌碼，但他們卻忽略了台灣在政治上所面臨到走不出去的困境，實際上與其去苦思邦交的問題，不如讓更多的人可以有機會到台灣來，瞭解我們、認識我們，做台灣的朋友。經過了多次不厭其煩的說明與說服，再加上輿論的支持，終於得到了各部門的認同，案子送到了立法院，原以為可以鬆一口氣，未料真正的問題才開始。

首先我們聽到了「免簽證會使我們的簽證費用少收到數億元」的聲音，表面上的確如此，但進一步想，一個人辦簽證大概是一、兩千元左右，但他來到台灣之後消費的稅收，與創造的經濟活動難道不比簽證費用更高嗎？案子遭到了財政部的否定後，人事行政局也以海關必須增加用人而否決。雖然如此，我卻沒有灰心，鍥而不捨地繼續透過管道到各部會再做說明，這中間的反覆論談，幾次真令我失望到想放棄，但如不是一股無可救藥的熱忱，怎麼熬得到最後政府終於同意在一九九四年一月一日開放這十二個國家免簽證呢？

政府同意了，但我又思索到另外一個層面的問題：免簽證開放以後，如果吸引了觀光客來，卻無法給他們一個好的、新的印象的話，那麼免簽證所創造的觀光生機只會是一個短暫假象，這不是我的終極目標，我希望每個觀光客都能對台灣留下一個全新的印象，並以口碑再吸引更多的人來訪，於是我開始著手鋪第二條路。

首先，針對航空公司，怎麼樣說服他們做一些配合的措施，在離峰時間訂出優惠的機票價錢；第二個，如何讓台灣在最短的時間包裝出幾個新的景點；

這都是刻不容緩的問題。

在接下來的下半年，我密集地拜訪了國內重要的大小航空公司，把這種觀念分析給大家，說服了他們針對來台的團體票價做了相當誘人的降價服務；其次，我又積極聯絡業界，研究如何包裝台灣，由於大宗的團體遊客來台據點仍在台北，研發的景點應亦在大台北地區。所以又洽談了復興劇校，希望學校在一週內能有三天固定的表演，讓觀光客在參觀了故宮之後，能再欣賞到動感的平劇表演；其次，將夜晚的中影文化城，變成一個古城，所有的人都穿著古裝，販賣著各式各樣台灣風味的飲食，走進古城就好似穿過了時光隧道，來到古老的中國。

經過了這一系列的規劃與推動，在一九九四年我們的觀光人口竟自一百八十四萬，成長到二百一十萬，創下了歷年來的最高點，而一九九五年，更進一步地上升到二百三十幾萬，也就是說，這兩年來，台灣增加了七十幾萬的觀光人口！而九四、九五這兩年，又正好是台灣經濟相當不景氣的時候，但是因著這些增加的觀光人口，使得航空公司、旅館、交通事業、餐飲事業、觀光事業都直接地受惠，也將衰退的觀光業挽救了回來。

不厭其煩地述說了這些過程，要闡述的無非是那種「不捨」的精神，面對困難重重時，仍然執著於理想，不願也不肯投降的態度。

第二部

PART 2

企業的經營藝術

第一章 導航

A Hotel is made by men and stone.

一個旅館不能只有富麗堂皇的屋宇，而該營造出一種獨特的「人」的味道，因此，當我面對亞都，第一個思考的問題便是——如何包裝這個旅館。

一九七九年十二月三日，是亞都大飯店正式創立開幕的日子。

這麼多年來，不斷有人問起我關於亞都的經營理念，我總是不自覺地一再想到、當年亞都開幕員工培訓的結訓典禮上，我曾對大家引用了一位外國旅館專家的話：**A Hotel is made by men and stone，一個旅館是由人和石頭建立起來的。**倘若一家旅館只有富麗堂皇的石頭及屋宇結構，它只成就了一半，再好的硬體也是一半而已。

當年的亞都，可以說是在政府的鼓勵下創建的。一九七六年，台灣觀光市場突然成長，旅館房間一下子供不應求，幾乎有百分之二十的旅客因為訂不到旅館而無法來台。觀光局有鑑於此，便頒布了一個獎勵措施，包括有五年的免稅、開放住宅區經營，同時亦有一些低利貸款的辦法。亞都雖然搭上了這個便車，但是也面臨了市場上有十四家旅館同時要營建開張的劇烈競爭的事實。

平心而論，坐落在台北市民權東路二段的亞都，在地點、環境各方面，都不算是頂尖的，我相信決勝的唯一條件，只能靠「人的管理」。

那時國內彌漫著一片搶市場商機的心態，大多的旅館都是由建築商來經營，總以為只要趕緊把旅館蓋起來，就自然能招徠顧客，所以根本不重視市場推廣，也完全沒有引進專家管理的觀念，更沒有人關懷旅館設計經營的問題。

當我看到了這個問題，第一個思考的方向便是——如何包裝這個旅館。

首先，我們要從瞭解自己的缺點著手，亞都的地點不好、環境很糟，因此亞都一定要有所不為。我自過去累積的一些市場管理經驗來看，當時台灣百分之八十的入境旅客是以觀光或其他原因為主要訪台目的，只有百分之二十是商務旅行的客人，但是這個數字正在鬆動，我判斷隨著台灣的外貿經濟發展，商務旅客數字一定會逐步抬頭。此外我也進一步試著瞭解世界旅館發展的趨勢，結果發現七〇年代正是世界旅館走向大型且綜合經營的模式，當時所有旅館經營者都開始跳脫傳統旅館只經營住宿及飲食的項目，而開始將旅館經營成為一個城市的交誼中心，這類旅館大都有大型的會議設備、各類餐廳，而大廳則是壯麗的廊柱、噴泉，還有大型的演奏樂隊……熱熱鬧鬧的，像大都會中的小都會。

經過自我的評估，我深知憑著亞都的規模與主客觀環境，我們沒有條件與人家比大、比豪華，於是我確定亞都必須創造出自己獨特的風格。確立了想法後，我開始研究整理大型旅館可能有的弱點，並發現對商務旅客而言，他們也許一年中有一半的時間都在旅行，也有一年中大半時間都在全球各地洽公，那種羈旅的落寞與空虛，所需要的是喧鬧還是一種單純的溫馨?事實上，他們最希望的應該是一種回到家的感覺，而大型的旅館因為功能多，必須兼顧團體與個人，也因此降低了可以為每一位客人提供個別服務的能力，由此我從中為亞都找到了一個開創獨有風格的方向。

於是我毅然決定——亞都不收團體旅客，放棄多數的旅遊觀光人口，只訴求那百分之二十以洽商為旅行目的、渴望精緻服務的客源。

打破人與人的界限

在亞都，沒有櫃檯，為的是要給客人一種回家的感覺。把櫃檯打掉，也等於把服務的界限打開了。

為了帶來「回家」的感覺，我在飯店的硬體規劃上做了很大的突破。

我看到所有台灣的飯店，儘管外觀上有所不同，但一進大廳都有一個很大的櫃檯，客人要站在櫃檯前報到排隊拿鑰匙。我個人很不喜歡這樣的感覺。櫃檯其實是一個很冷的設計，像一堵牆將客人與服務人員分隔在兩邊，形成一種對立的關係。

所以我主張不設櫃檯，把櫃檯打掉了，也等於把服務的界限打開了。於是我們拆了原本設計師設計的櫃檯，改為在大廳鋪上一塊顏色沉穩華麗的地毯，並在其上安置了兩張三〇年代設計的書桌，幾把坐來覺得舒適輕鬆的座椅，當客人來到時，由接待人員引領入座，讓旅途的勞頓在這兒就獲得鬆弛，從容而泰然地辦理住房登記等業務。

另一方面，我也希望飯店能營造出一種氣氛，一種understated elegance，也就是所謂的「內斂的優雅氣質」。

這樣的風格在當時是很冷門的，而這樣的氣質在目前的台灣社會依然缺乏。什麼是炫耀的？滿天星的手錶、名牌的服飾，從頭到腳的珠光寶氣，生怕別人看不出他的身分的，這就是炫耀。而什麼是不炫耀的？發自內在的內斂的整體氣質，散發出親切與舒適，不造成別人的壓力，而以曖曖內含光的氣質吸引人，這就是不炫耀的。

為了以這種內斂的氣質做為包裝亞都的重點，我放棄了當時最流行的法國洛可可式強烈誇張、雕琢華麗的美感，也不願意太追逐現代感，所以選擇了具有典雅品味一九三〇年代的裝飾藝術Art Deco為設計，大膽地使用灰色、棗紅色、黑色與銀色，這樣的設計與配色在民國六〇年代可說是絕無僅有的，但誰也沒想到，在十多年後的今天，卻成了「主流」的設計概念。

當然，這是有形的部分，而無形的優雅氣質，則要由培養員工的氣質開始。沒錯！旅館的從業人員是服務業，但**我一直為員工灌輸一個觀念，那就是：你不是一個服務生在侍候高貴的人，而是一個紳士與淑女在為另一個紳士與淑女服務**，有了這樣的自尊，氣質便會逐漸展露。

其次，服務有許多種，而我們培養員工的服務氣質時，特別強調的是——服務於無形之中。

有形的服務是不斷地在客人身邊叨唸：您要的盤子給您拿來啦！您還要加點水嗎？今天的菜色怎麼樣？要給您叫部車嗎？……但我們要求的是：懂得察言觀色，即時地反應，客人想要的東西很快地拿過來，但是又要給客人空間，沒有任何壓迫感，這才是真正的所謂服務於無形之中。

從記得客人的姓名，到體察客人的需要

每個客人的獨特性都應受到尊重，因此，我們要求每個服務人員，要知道客人是誰，也必須瞭解他的需求。

除了獨特的硬體風格之外，亞都更注重的是要傳達、創造一種人性服務的概念。到底要如何向顧客傳遞他受重視的訊息？我認為第一步就是要知道客人是誰——「我知道你是誰」，在極短時間內掌握到客人的姓名與身分。

因此，我做了幾點突破性的規劃，首先，亞都首創旅館派專車至機場接客人的服務。每一個客人到了機場，亞都都會派有機場代表把客人送上專車，車一開，機場代表就要立刻打電話到旅館櫃檯，告知第幾號公務車已經往台北去了，預計大約幾分鐘會抵達飯店，車上左邊坐的是Mr. Jones，右邊是Mr. Smith。等車一到門口，門房立刻迎上前去親切地叫出兩位先生的名字，並且歡迎他們。客人在大廳絕不會落單，大廳副理會全程陪伴他們登記住房、取鑰

匙，並介紹飯店設施，再送他到房間門口。

一進房間，客人更會開心且意外地發現幾個驚喜：桌上有一籃飯店送的時鮮水果，旁邊有一疊印好了他姓名的專用信紙、信封，另外還有一疊名片，名片上清楚地註明了他在台北的「家」的住址、電話及姓名，方便他洽公時的需求。

當客人有需要打電話至總機，我們的總機也一定會先辨識電話上的房間號碼，接起電話叫出客人的名字。當然要記住所有客人的名字並不是那麼容易，但只要用心運用一些方法和技巧便不難達成。

讓客人感受到每個員工都知道他是誰，只是傳達服務訊息的第一步。更卓越的服務是除了知道客人的名字，要真正讓客人感受到體貼的關懷。這就要更進一步瞭解客人，也就是知道顧客的需求！

延伸這個概念，亞都飯店在每星期一、三、五的晚上六點至七點舉辦「Ritzy Hour」亞都時間，我們會發出正式的邀請函給每一位客人，在「亞都時間」這個輕鬆的雞尾酒會上，住房客人在交誼廳享用免費的餐點，藉此讓這些商務旅客覺得來到台灣，不是孤單的，他們在亞都就好像在一個大家庭中。在這個雞尾酒會中，我們的總經理及各級主管也都會出席，與客人們聊天認識，同時也將他們介紹給其他客人，如此在員工與客人之間，以及客人與客人之間，都培養出一種友善的氣氛，也給了我們最好的機會去瞭解客人、認識客人，雖然這需要相當大的耐力，投注相當的心血，可是我們也得到了全面的認同和回報。

為了發揮更大的效果，我們還要求每一層樓的領班，將所有客人的特殊需求一一記錄下來，不論是多麼細微瑣碎的要求。

比如說，有位客人是設計師，他特別需要一個明亮的燈光、一個桌面傾斜的設計桌；或是講究的女性客人，不習慣使用木頭衣架，而需要包了絲布的衣架，我們都會在電腦上記錄下來，當這位客人下一次再回到亞都飯店時，一開房門，他會發現設計桌已經準備好了，或所需要的軟質衣架已掛在衣櫥中了。平常當一個客人受到員工親切的接待時，雖備感溫馨，但總覺得這是為每一個客人做的，但在這一剎那，他知道你是特別為他而做，他會感受到這家飯店是真的全心全意地為他準備「台北的家」。

正是因為如此，十多年來亞都廣告很少，但住房率仍維持在令人滿意的程度，而這其中老客人就佔了百分之六十五以上的比率。

海外推廣

海外推廣對訴求國際商業旅客的亞都而言，實是當務之急。但要做就要做最好的，如果沒有充分的準備，那寧可不做！

亞都開始正式營運之後，我面臨到一個很大的問題——就是如何向海外推廣亞都的業務。由於亞都的訴求是國際的商業旅客，海外推廣就成了當務之急。

首先在客戶來源上，當時來台灣做貿易生意的商務客人大多都是來自紐約的猶太人，於是，第一站我便決定親自前往紐約、洛杉磯、芝加哥等各大城市一趟，並且以大手筆的做法，帶了亞都的兩個廚師，也說動了國畫大師張杰一同前往。

到了每一個城市，我們先將請帖發出，那是一張相當別致的請帖，張杰先生在請帖畫上栩栩如生的荷花，上面並註明了我們有台灣最傑出的藝術家前來現場揮毫，還有頂尖的名廚來這兒為大家烹調。每張印製成本在當時就超過了當時台幣二百元，讓每位邀請的來賓在看到如此精緻的請帖，就立刻起了好奇心，覺得一定是場不容錯過的盛宴，因此，平均我們每發出一百張請帖，就有九十八位客人前來，可以說是相當成功的出席率。

以在紐約曼哈頓的盛宴為例，當時所有的行銷企劃，我們原是透過世界傑出旅館協會的公關部執行，我很希望他們能發消息讓當地每一家電視公司前來採訪，但他們一口否決了，理由是以他們過往的經驗，沒有一個私人的行銷推廣活動可以請到電視媒體，雖然如此，我卻沒有輕易放棄，「推廣」不正是我此行的目的麼？既然世界傑出旅館協會無法執行，我決意自行一試！

那時我正好帶了亞都的公關經理同行，便請他一一打電話給CBS、NBC等等各大電視公司，將當天現場的精采表演告知，結果沒想到CBS竟然真的答應採訪。但採訪小組一來表現得十分不耐，一再告訴我們，他們很忙很忙，只有十分鐘的採訪時間，因此現場有什麼表演就必須以他們為主，盡快演出！

我沒有妥協，反而告訴他們：抱歉！節目有一定的程序，請與我們一塊靜心觀賞！我這樣說，當然有一定程度的冒險，但另一方面，也是一種絕對自信的展現！幸運的是，從林則範師傅的拉麵絕活，到徐旺火師傅的切魚網及雕冰技術、張大師的國畫表演，他們真的愈看愈過癮，而後時間也不趕了，還留下來與我們一同享受晚餐。

更令人興奮的是，當天晚上新聞不但播出了，大名鼎鼎的華裔主播宗毓華女士更在新聞說了一段令我們士氣大振的話。她是這樣說的：「每天晚上，或者是公司、或者是國家，全世界不知道有多少人到紐約曼哈頓來推銷他們的產品，而今天有一個來自台灣的 Stanley Yen，他帶了自己的廚師和藝術家前來，為我們辦了一場別開生面的晚宴……」

這實在是一個莫大的驚喜，尤其當所有的人都告訴我們不可能的時候，CBS適時給了我一個很大的鼓勵，這也讓我得到了一個啟示：當我們到任何先進國家做推廣時，如果沒有充分的準備，那寧可不去，但去了就一定要做得比他們好！之後，我曾多次應邀帶領台灣的團體到世界各地針對觀光、美食、文化及國家形象做過各類的推廣活動，我都堅持著這個信念，也因此在每個城市都得到相當的回響，有時根據我國駐在國外的新聞顧問評估，單單電視轉播的宣傳效果就遠遠超過了我們的投資。

要做就要做不同的、做最好的，要做就要給人留下深刻的印象。

失敗與成長

溫哥華亞都的失敗，除了大環境的變化，我不得不承認是人為的疏失，但也讓我們重新評估了亞都的未來與成長空間。

企業發展到一個階段，勢必要向外力求突破。一九八九年，亞都開始向溫哥華投資，這個計畫整體而言，初期的方向是正確的，但卻因著決策判斷的誤差，變成了一個失敗的經驗。這個失敗，一來是大環境的變化，另一方面我也不得不承認是人為的疏失，讓董事會一度承受了相當大的壓力。

一九八九年，當時亞都在經營上已呈現了相當穩定的狀況，同時公司也累積了一些資源，向外拓展蓄勢待發。那時候，我們的確也正好有一些機會，諸如：西華飯店的投資案、東區仁愛路的土地開發案、新竹科學園區的開發案等等，但都因為一些過程不盡順利而作罷，固然不無遺憾，但我一直謹守分際，自況是一個專業的經理人，而財務的規劃與安排，應該由董事會來決定，因此每當董事會有疑慮，我總是會先尊重他們的決策。這維繫了亞都飯店董事會的和諧，當然要付出些許成長的代價，但投資的財務風險既然是由董事會來承擔，他們當然有做最後決定的權力。

國內的投資未成，於是便想往海外發展，那時候國內大多的投資都是到大陸或東南亞，我也仔細評估了這兩地，我認為：以公司的財力而言，往東南亞發展，在任何一個大城市如果要經營一個五星級的旅館，動輒都要十至二十億的台幣，實際上已超過了我們的能力，如果另外調動資金，除了風險，也會造成董事會的壓力；至於大陸，雖然在金錢方面壓力較小，但大陸畢竟是一個人治而非法治的國家，如需事事講人情或走旁門左道，那又不是亞都一貫的作風與生存的方式。於是考慮再三，決定最好還是在一個法律制度比較周延的地方發展，將我們的理想做大幅度的拓展。經過不斷的研究，最後選擇了市場潛力雄厚的溫哥華做為第一個學習的市場。

當時在大環境上，正是天安門事件之後，時局明顯地不穩定，使得人們一窩蜂地湧入溫哥華，初期研判的確充滿了商業的契機，因此我們在買下旅館的同時，也買下了隔壁的一片土地，依當時仲介的說法，土地建照應在半年之內便會核發下來，未來一片看好。

但在這投資初期，我們卻犯下了幾個錯誤。第一個是在財務規劃上，過分信任當地的會計師與律師。當時他們認為市場一片看好仍有上揚的空間（當時的確如此），如果資金投入太多，以北美稅率之高，日後稅金的負荷亦大，因此，一開始我們便往如何「避稅」的層面去思考，而也因此，我們全心抱著「必贏」的希望，完全沒有做最壞的應變打算，可是沒想到市場並沒有預期的樂觀，反而產生了種種的變化。

依照原來理想的規劃，買旅館時盡量用台灣的銀行信用擔保，甚至連亞都匯出的資金也大半以借款的方式給予溫哥華的新公司，然後我們先將土地蓋成服務公寓出售，將房地產賺來的錢再投入旅館的裝修。未料土地營建資料送到政府申請，竟有重重困難，不但未如早先所預想半年之內一切ＯＫ，等到真正被核准造屋，已是一年半以後了，申請的過程自一九八九年拖到一九九一年。資金套牢之外，中東戰爭也如火如荼在國際舞台上喧鬧，整件事又被迫暫緩。

幾年的延宕，產生了幾個副作用：

第一，亞都飯店必須要承擔這幾年下來極大的利息負擔；第二，由於在計畫中，將溫哥華亞都飯店裝修的時間，放在隔壁土地的開發完成之後，而這一切目標又卡在未知的時機上，所以在市場行銷一直沒有太多著力，變成了失敗的一個最大潛因——以「守」代「攻」。做任何事當我們一開始採取「守勢」的時候，心態就會停在「等」的狀態，「等」到中東戰爭開打，「等」到中東戰爭結束。好不容易開始動工，幾年的利息再加上造屋建築的費用，負擔十分沉重，最重要的是，這一「等」失去了商機，天安門事件緩和了、中東戰爭結束了，移民潮也過去了。

雖然後來兩年，溫哥華亞都已逆轉劣勢，創造了些許盈餘，但已無法挽回初期的虧損。整體的檢討，除了決策過程的失誤，另外一點，我們也瞭解到北美的旅館市場，完全是以連鎖經營為主，加入聯盟，可以享受聯合宣傳、聯合採購，建立聯合行銷網，成為市場的主流，個別的旅館除非創造出自己絕對的特性，否則幾乎無法生存。

因此，即便溫哥華亞都已有轉虧為盈的能力，但經與董事會討論仍決定放棄，因為為了一個加拿大的飯店，花費了太多心思與精力，而忽略了台灣的亞都正努力籌劃上市之事宜。為免除不必要的困擾，我們決定將日後主力市場放在國內及亞太地區，希望以正規的經營管道、專業的管理，創造出更大的發展空間。

經過這幾年的回顧與反思，從歷史更長的刻度來評量，當時前進北美的策略其實沒有太大的錯誤，選擇溫哥華也不算是錯的選擇，只是當時若是能夠聚焦本業，放棄週邊的土地開發，先做好溫哥華酒店本身的品牌，當中國與亞洲興起時再以國際品牌的名義回師亞洲，或許亦可打出一番天下，當然不談目前溫哥華已經成為炙手可熱的北美熱門城市。不過有所失亦有所得，當時回到台灣也因此把亞都麗緻的品牌，從一家店一直發展到八家連鎖的規模。

與客人內心的期望賽跑

四個服務管理的信條

亞都有四個服務管理的信條，也是我們共同的信念：（一）每位員工都是主人，（二）想在客人前面，（三）尊重每位客人的獨特性，（四）絕不輕易說不！

傳統的管理是金字塔型的，老闆高高在上，掌握一切權力。但是在服務業中，管理的模式卻應是倒金字塔型的，它的第一線是顧客，得到顧客的認同，才能使飯店具有生機，顧客便是我們的老闆。位於顧客之下，是為顧客服務的前線同仁，他們是真正代表飯店為顧客提供服務的核心人員。其後，是應為第一線同仁提供更簡化、更有效率服務的後勤單位及各級幹部，而總經理和總裁則是各級幹部的後援單位。

基於這樣的理念，我們讓所有的單位主管都明白，主管是前線員工的後勤部隊，只有主管的支援與真正的授權，基層員工才能全心在前線應戰。

因此，亞都有四個服務管理的信條，第一條即是「每個員工都是主人」，他們是代表公司接待客人的主人，也是代表公司提供服務的主人，他必須負起做主人的責任，同時也應該享有主人的決定權。所謂「主人的決定權」，意思是我們把授權範圍放到最大，讓他有權力可以做許多決定。在服務的第一線，任何突發情況發生時，他都能及時全權決定，而不需要請示主管。比如說客人提出今天的菜不好、咖啡太苦等等問題，他除了致歉外，並有權力立即決定為客人換掉，或是招待客人，由亞都來請客。基於這樣的服務信條，在態度上他代表公司做了主人，就工作的制度層面，他被授權在他的層次上事事可以自主，不需凡事請示。

(一)傳統管理模式

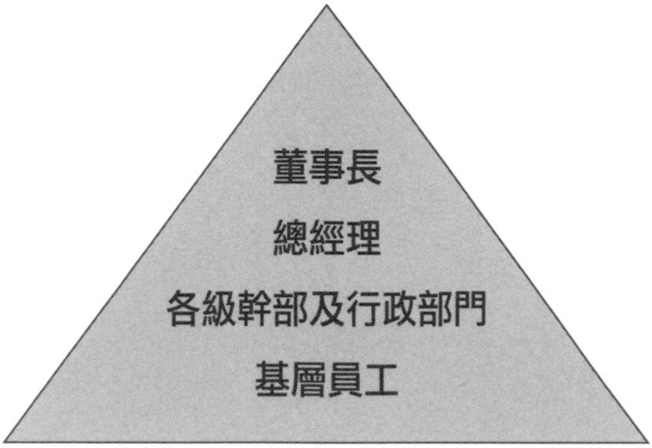

(二)亞都管理模式

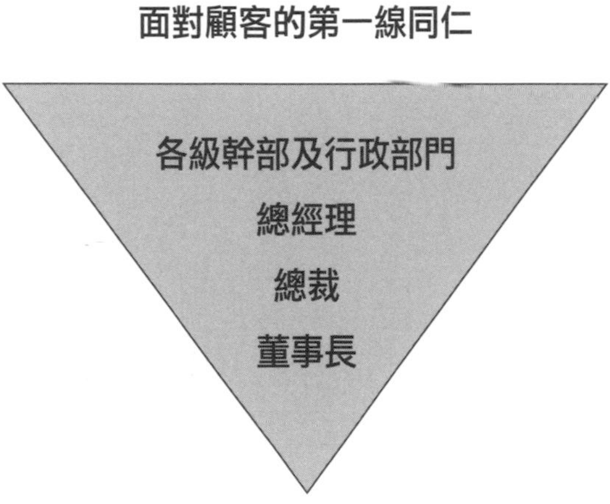

這樣的授權，難道不怕員工濫用嗎？事實上員工非常節制，尤其在處理顧客抱怨的經驗上。我們都知道時效是成敗的最大因素，與其讓顧客帶著抱怨離去，不如授權員工快速地反應解決，而也因著我們對員工的信任，他們在權力的使用上更有分寸。我在初期開始執行這條例時，曾告訴員工有任何這方面的費用都可以直接轉到總裁辦公室來，結果一個月下來，整個用度還不到一、二萬塊，咖啡一杯、牛排一客，都不過是數十元或數百元的成本，實在比不上我們平日隨便登的一則廣告。廣告一則能吸引的客人有限，如果來了一個客人，卻又把他得罪了，那不如讓每一個滿意我們服務的客人離開後，再把口碑廣傳出去，這樣的效益又豈是廣告可以相比？

但反過來說，這「每個員工都是主人」的信條是否已經完全落實了呢？我相信，還沒有。我只能說，亞都在這方面的執行相當用心，但也無法百分之百的貫徹，因為每個人都有自我保護的心態，有時候一個缺乏服務心態的員工，會把顧客的抱怨當成對他個人的挑釁。當然，出現了這種情形我們會盡量對員工再教育，說服他們。雖說難免，但我也肯定這種狀況在亞都發生的比例應該不至於太多。

這是第一個觀念上的改革。

第二個服務管理的信條是「想在客人前面」。

想在客人前面，是一種服務心態的調整。一般好的服務是有求「才」應的服務，也就是當客人提出要什麼，我才給你什麼。但精緻的服務，是要設想在客人前面，凡事都要為客人事先設想，主動地去瞭解每一位客人的需要，不待他提出要求，就已經事先為他安排妥當。它就好像跟客人的期望在賽跑！當客人拿起香菸來，菸灰缸已遞到了桌前（現在餐廳劃分吸菸區的時代已成過去式）；當女士們雙手環抱著手臂，好像有點冷了，你馬上幫她把披肩準備好了；察覺客人不希望被打擾，就不要上前打擾；發現客人菜色不足了，你就及時送上菜單——永遠和客人內心的期望賽跑，而且要跑贏！

當然，想跑在客人前面做來困難，有時真的很難以具體的訓練去教育員工如何揣摩客人的想法，但這畢竟是亞都員工思考上的挑戰，是亞都精神的重要指標與提綱，也是每個希望做好服務工作的企業應當追求的目標。

第三點要提到的是「尊重每位客人的獨特性」。

在我們的想法中，每位客人都有他獨特的個性與好惡，我們絕不可能以相同的服務來滿足不同的客人，而必須尊重並深入認識每位客人的特性，針對他們的需求提供最適切的服務。

我們要求員工去揣摩客人的需求，但是不能用自己的生活模式去揣摩顧客。舉個例子來說，假設在八〇年代前外國客人來到台灣要求喝杯礦泉水，我們一定會想：這奇怪的傢伙，為什麼我們喝的東西你就不能喝？那時台灣根本還沒有礦泉水，餐廳中提供煮開的水就不錯了，還挑剔什麼？但反過來想，現在我們如果去到某些水汙染較嚴重的城市，或是國外某些衛生條件較差的國家，不也同樣會主動要求喝礦泉水嗎？

這例子告訴我們，他人的觀念想法，如果你不設身處地，真的很難去體會和理解。當然有時這是生活層次的問題，是時代的、經濟的因素，但也或許是生活習慣的不同，國籍的不同，宗教或種族的原因。不管任何原因，我們都不能以「我覺得可以、為什麼你不行」這樣的想法去規範顧客，而應以一種寬容的態度尊重他的習慣。

再拿一般人吃的習慣來說，像是慣吃辣的四川人，你再炒幾根辣椒，他都嫌菜不辣；反過來，廣東人你給他一點點辣，他就沒法入口。還有人口味重、有人口味淡……面對這些情形，廚師都不應該把它當作是對自己專業上的羞辱，而不妨換個角度想：我們的客人是來自不同的角落，有他們獨特的期望和要求，我們服務業就是要迎合客人的要求、滿足客人的要求，而不是去挑剔他，甚至教育他。「尊重」是服務的基本信念。

第四個服務管理的信條，我們強調的是：「絕不輕易說不」。

我在演講中常常提到：「不」這個字，是切斷與顧客關係很殘酷且直接的一個字，可是一不小心就變成了員工服務上的一個擋箭牌。所以，永遠要想盡辦法不輕易拒絕顧客的要求。如果真的無法做到，我們可以用婉轉的方法，讓客人感覺到那份誠意，然後得到他的諒解。

我常舉個例子：有一個老客人臨時需要多住一天，可是事實上旅館已經客滿，這時候如果櫃檯告訴他：不行！與顧客的關係馬上就斷了。但假設你換一個方式：你瞭解客人的訂房狀況是隨時在改變的，於是當著他的面，很誠懇地打電話要求客房部重新瞭解一下目前住房的狀況，確定一下今天住房的客人是否有臨時取消的情形，同時在電話中再三告訴對方這位客人的重要性，並盼望對方萬一有人退房，也請盡量以這位客人為優先考慮，並婉轉地告訴客人，為了安全起見，我們是否先試著為他在其他的飯店先訂一個房間，萬一真的亞都客滿，我們會派專車送他過去，如果他願意，我們第二天再派車把他接回來——這樣體貼的做法，在顧客聽來，你真的為他想到了所有的可能，也為他盡了全力，至於結果如何，雖然未必如他所願，但是因為你努力為他設想，他必然會以諒解的角度來接受這個事實，而下次他仍然會選擇住在重視他的亞都。

因此，在亞都的服務手冊中沒有「不」字，凡是顧客提出的要求，我們都以積極的態度，運用智慧研究解決的方法，盡量設法滿足客人的要求，而不輕易說「不」。

飯店中發生的小事故著實不勝枚舉，但要驅離客人總是萬不得已的下策。原則堅持得緊，分寸拿捏得宜，才有圓滿解決的空間。

衝突

儘管我與員工一再強調「尊重每位客人的獨特性」的顧客服務與亞都傳統，但是在迫不得已的情況下，在亞都的這些年我曾經趕走過兩次客人。

第一次是在亞都開幕後不久，兩位來自比利時的客人向我們報失竊，聲稱他們下午出去不久回來，發現房間內皮夾中的五千塊美金以及一個都彭打火機不翼而飛，一口咬定是飯店的工作人員拿了鑰匙去偷的。說明了情況後，這兩位比利時人又不斷地暗示且威脅我們：亞都是新的飯店，最好不要報警，報了警、上了報對亞都不利，如果飯店肯負責賠償，他們願意息事寧人。

事實上，早在這之前，我已對這兩位客人平日在飯店一些奇怪的行徑有所聽聞，再則我們飯店中竟然出現了竊盜的行為，無論如何一定要查個清楚，我不能接受他們以「飯店名譽」所做的威脅，便堅持一定要報警。

結果透過警方與亞都安全室的查證，原來當天下午兩位客人曾帶了某俱樂部的兩位小姐回來，並請她們到了樓上房間，因為是白天，警衛不疑有他。後來下午三點接班的服務生看到他們雙雙由房間離開，但五分鐘後其中一位女士居然又返回飯店房間，正好飯店的服務人員在清理房間，房門是打開的，這位女士一進來就往床上一躺，而我們的服務人員因為剛才看著兩位一塊離去，還以為他們是夫妻，也就在清理完後，讓她留在房裡。所幸我們的門房有記錄離開飯店計程車號的訓練，結果警方循線居然找到了這位女士。據她向警方說明，她與朋友是應邀來到飯店，對方答應要給她報酬，沒想到兩人事後居然反悔，她心有未甘才折返房間順便拿了她認為應得的報酬。不過錢的數目並不是如他們所言的五千塊美金，而是四百元。

案子了結了，兩位比利時人也做了筆錄簽了字，拿回了失物，但事情卻還沒結束。

從這天開始，他們天天在飯店的餐廳中大吃大喝，吃完了又拒絕簽帳，並表示：

亞都還欠他們四千五百塊美金，這些帳都算嚴總裁的！

我知道了這件事後，立刻去查了一下這兩位客人的背景。原來他們是來台灣做生意的，而台灣這方的買主正好也是我的朋友，弄清楚了狀況，便將他們請到辦公室，表明要他們即刻搬家的意願。一開始他們倔傲地不肯認錯，一再揚言此事會在報端披露，嚴重打擊亞都的形象。當時我就不客氣地說：你們以為我會擔心報紙宣傳嗎？以兩位在亞都這樣的行徑，我不但不擔心報紙刊出，還要將剪報發函到兩位的比利時總公司去，讓公司知道他們的員工在台灣是如何的惡形惡狀……

當然我們「行有行規」，是不會真的這樣侵犯客人的隱私，但對付這種客人，也不得不用點手段。果然這番堅定的話，讓他們噤了聲，且隨後搬出了亞都飯店。

另外一次經驗是在之後不久。那時美國有許多公司派buyer（採辦）來台灣。台灣人為了要做外國人的生意，總是極盡所能地接待，又是凱迪拉克的長轎車接送，又是酒廊舞廳的招待，讓這些原本在自己國家職位並不高的採辦，被這些榮寵的待遇沖昏了頭，狐假虎威、作威作福者大有人在。有兩位客人便是在這樣的背景下來到台灣。剛開始先是吃女服務生的豆腐；然後安全室又在健身房的監視器中看到他們偷了健身房的啞鈴；之後又有一次，兩位夜半喝醉了酒回到飯店，竟藉著酒意，將整個樓層的鞋子全都藏了起來。（飯店有為顧客免費擦鞋的服務。通常客人在晚上將鞋子拿出來放在門口，鞋僮會一雙雙擦亮後包起來，再放回房門口。）您可以想像第二天這件事為其他客人及工作人員所帶來的困擾。

這樣喜歡捉弄人的客人，實在是讓人忍無可忍。我想我必須親自來處理這個問題，就請各部門把他們平日偏差行為的證據收集起來，再把兩位請到辦公室，告訴他們飯店對他們的觀感，並請他們在一小時之內整理好行李搬離飯店。

這兩位客人馬上惱羞成怒地吼著：「你知道我是誰嗎？你知道我代表了什麼公司嗎？你知道我們一年給了你們多少生意做嗎？如果你膽敢把我們趕

走，所有的後果你要自行負責！」不但如此，他們更是一再口出惡言，態度惡劣極了。

但我沒有生氣，只是平和地說：「抱歉！這中間沒有妥協的餘地！」說著，我立刻叫了一位警衛，陪著他們回房間收拾行李。事實在眼前，如果他們不懂得尊重自己，我們便要採取強制的行動。

沒想到，他們一回到房間沒多久便打了一個電話到我辦公室來，為剛剛失控的態度道歉，並懇求我無論如何今天都不要趕他們走，因為他們的主管今天會到台灣來，而且住在亞都，如果發現他們搬離與公司有長期合約的亞都飯店，一定會追問原因，如此一來恐怕會讓他們丟了差事。

我仍堅持未接受，直到他們又請了台灣代理商的總經理打電話來求情，我才接受了道歉，但要求他們寫下切結書，保證接下來的幾天不會再無故生事，而且以後我們也不希望他們再光臨亞都。

如此，才解決了這場紛鬧。當然從這次的事件，我們也學會了一個經驗，再也不放心請客人把鞋子放在門外了，而是請客人將鞋留在房內，由白天負責打掃的同仁在進入房間時順便服務。只可惜原來一個更貼心的服務，被迫要做某種程度的修改。

飯店中的小插曲著實不勝枚舉，但要驅離客人總是萬不得已的下策。類似這樣的事故絕對不能透過下屬來處理，更不能讓員工感到不易服務的客人可以隨時驅離。因此，主管必須要能挺身而出親自處理，將原則堅持得緊，分寸拿捏得宜，而且切忌在公共場合處置。因為一旦撕破了臉，雙方都難以收拾，而如果關起門來說，並給對方足夠的壓力，一方面給了他面子，再則也給他一個下台階，事情才有圓滿解決的空間。

第三章 企業文化——亞都夏令營

誰怕大鳴大放

在三天的夏令營中，主管跳起迎賓舞，而員工則參與了決策的討論，暢所欲言公司對外的服務與對內的管理文化。

亞都飯店開幕時，我曾經沿用了歐洲飯店開幕時的一個古老傳統儀式，就是在飯店開幕的剪綵儀式後，由飯店經理拿著一把鑰匙，象徵性地開啟飯店大門，開門後就把鑰匙往身後的觀禮群眾一丟，意味著：飯店開幕後，永遠不再需要鑰匙，因為大門永遠不再有需要上鎖的一天。也就是說：旅館這個行業，一年三百六十五天，每天二十四小時，時時時刻都必須為顧客準備提供周到的服務。

正因如此，為員工創造一個自動自發服務的企業文化，絕對是亞都的當務之急。但是企業文化不是口號，不是貼在辦公室中的標語，而是全體同仁共同一致的價值觀。

談起亞都企業文化的營造，我想連續辦了十五年從未間斷的亞都夏令營功不可沒。

亞都每年都會舉辦為期三天的夏令營活動，所有的員工分為三個梯次參加，主管級職員包括總經理及我本人也絕不缺席。不但不缺席，工作人員及主管反而還比員工們早一步到夏令營地點，換下平日的西裝領帶，穿起T恤短褲，拿起彩球，等員工一下遊覽車，主管們早已排成兩列跳著迎賓舞歡迎他們，完完全全地放下身段。到了晚上的康樂活動，又和大家一塊耍寶取樂，陪老員工痛快喝兩杯，也陪年輕的員工跳跳迪斯可，職務的界限在此時早淹沒在歌聲樂聲掌聲及笑聲中。

到了白天，我們設計了專業課程，開始進行小組討論的活動。討論的題目除了每年特別的主題外，最重要且經常反覆討論的就是兩大子題：

一、如何提升飯店對顧客的服務品質。二、如何提升公司對員工的服務品質。

我們將所有的同仁分為數個十人小組，將原有的部門打散，每一個小組都包括有警衛、客房服務人員、餐廳服務人員、廚師、業務公關、採購員等等，這之中沒有公司的高階主管，由他們自己推出主席，大家可以沒有心理壓力地暢所欲言。討論的目的是希望大家一起取得共識，將顧客的服務提到更高，將員工的工作協調得更順利。

為什麼要由員工自行討論，卻不讓主管介入輔導，難道就不怕漫無紀律的討論，最後會失去控制、造成風險嗎？

對這個疑問，我的理念是：如果公司每一個新的服務觀念、服務政策，都是由總裁與總經理去制定，到了要執行的時候，員工大多會想：你又出了個新點子要找我們的麻煩了！但假設這個建議是由員工自己研擬出來的，首先，你就讓他有被肯定的成就感。更重要的是，在執行的過程中，他會對這個他認同的政策有參與感與榮譽感，也會很努力地把這個任務付諸於實行，積極度會比預想的更高。而且員工是我們第一線的工作同仁，他們的感受常反應了顧客的需求，我們重視員工的心聲，員工也會更重視顧客的感受。

人在處理上司交付的工作，或自己規劃的工作，在心態上是全然不同的。我們信任員工，尊重他們的建議，鼓勵他們參與，最後也的確在這樣的過程中，得到了最好的效率與收穫。

在對第二問題的討論上，也曾有很多主管擔心過：這樣大鳴大放，如果員工拋出一堆反對意見，最後要如何收拾？

我總是這樣對他們說：**只要員工願意說出對企業的建議，不論正面負面都是好的。一來你可傾聽他內心真正的聲音，二來即使他對公司政策有諸多不滿，但至少他願意說出來，就給了公司一個機會，可以再次地向他解釋及說服**；特別是在夏令營中由總裁親自面對，讓他覺得公司並沒有逃避問題。倘若公司真的做不到，我也會很坦誠地向他說明公司的難處，而不是畫餅充饑、任意敷衍。至於如果同仁對某個政策或新計畫有明顯不能接受的反應時，主管更是要深入探討，主管必須有一個認識——一個不為員工接受的政策，很難有成功的機會。

如果我對主管的偏差行為不敢有所處置，那對其他的員工又如何要求？只要事關團體榮辱，我不惜代價地願意做出一些犧牲。

昂貴的教訓

雖然在這十多年的夏令營傳統活動中，我們得到的都是正面積極的回應，但是也有一年發生了一件事，讓大家在負面教材上得到另一種教訓。

那是在亞都夏令營開辦的第二年，我們在汐止的世運村舉辦活動，當然住在世運村俱樂部的除了我們的同仁外，還有很多其他的客人。

那天晚上，我們照往例仍是舉辦康樂活動，大家分組聚餐，每桌發了幾瓶啤酒助興，其中有一位主管，平日就是海派作風，幾杯黃湯下肚，就帶著大夥到他房間裡繼續划拳起鬨，聲音也愈來愈大。剛好隔壁房間住著幾位血氣方剛的年輕人也在吃飯，覺得他們太過喧鬧，就用力地敲了幾下牆壁，我們的同仁聽到了便克制了一會，沒多久又喧譁了起來。那幾位年輕人一時看不慣，就衝過來敲門理論，一方說已經那麼晚了還那麼喧鬧，另一方則說才十一點多並沒那麼晚，兩邊誰也不讓爭執了起來，結果我們那位主管因為喝了酒，在向對方道歉後還不為對方接受，一時氣不過，砰的一拳便揍了過去，而對方的父親在知道了這件事後很是生氣，便告到警察局去了。

那天剛巧台北飯店中有事，我吃了晚飯便趕回公司，第二天一大早六點多回到夏令營便聽到這個消息，除了事後親自帶禮物登門向對方家長致歉外，我當下立刻下了個決定，並在清晨把大家集合起來，非常嚴厲地對同仁說，亞都一貫的信念是在為顧客做最好的服務，但是今天我們最不希望我們顧客做的事情，我們自己卻在別人的旅館做了，這是第一個絕對不可原諒的行為！其次，身為一個主管，不但在當時不懂得去制止事情的發生，還成為糾紛的始作俑者，這是第二個不可原諒的行為！再有，**我要讓所有的同仁知道，當亞都的同仁在一起時，有任何一個員工犯錯，都是我們團體的錯誤，我們每一個人都要共同去承擔**。我們在同行的旅館中，不但不能做一個好顧客的表率，反而有這樣脫序的行為，我沒有臉再讓我們的同仁住在這個旅館中，所以我宣布我們的夏令營結束！早上八點多，全體同仁整裝回到台北的工作崗位。

我當然也知道夏令營才剛開始，大家都花了很多時間準備，所有的費用也都繳清了，或許我們不必為一個人的錯而掃了大家的興。但是我更清楚：在公司剛開始舉辦一個活動，剛開始與同仁創造默契的時候，一定要有這樣的魄力讓大家知道，如果我們沒有負起責任，及時去約束團體中任何個人的錯誤行為，那是整個團體的過失！

於是那年的夏令營就被我提早結束（後來我們曾重新選擇了據點，補辦了這次活動），那位主管也離職了！當然，這是一個昂貴的學費，但是如果我對主管的偏差行為不敢有所處置的話，那對其他的員工又如何要求？

後來因為這件事情的發生，亞都的同仁都知道：公司的領導人十分重視每一位同仁在外的言行舉止，並都視為公司的榮辱，且願意不惜代價地做出一些犧牲。這樣的示範，也成功地養成了「重視團體榮譽」的企業文化。**對亞都的員工而言，沒有團體就沒有個人，唯有團體的成功，才有個人的成**

就，每位員工處事必須以團體榮譽為前提，絕不因一己不當的行為，而使團體榮譽受損。

企業文化的形成，也許真的要付出一些代價與心血。亞都付出了，亞都也得到了。

第四章 最重要的財富

留住員工的三大要件

一個企業的成功，當然有很多的因素。但其中我以為「人」是企業中最重要的財富。

在亞都，工作同仁的離職率一直很低。這除了意味著我們盡可能做到適才適用與關懷之外，我認為做為一個事業主管要留住人才，必須要提供員工三項條件：

1. 合理的待遇，

2. 繼續學習的環境，

3. 可期待的未來發展。

「合理的待遇」讓員工覺得付出與獲得成正比，他的努力得到合理的回饋。為了適時反應市場的變化，又要兼顧市場的競爭，亞都每半年做一次薪水下限調查。我們希望隨時掌握市場薪水的變化，並能及時做必要的反應。但是薪資只能算是留住員工的第一步而已，其實企業主管最大的壓力，大多來自第二點與第三點。

針對「繼續學習的環境」，亞都有一個「五年員工發展計畫」的評量表，每半年讓員工自我評估一次，近程的目標是什麼、遠程的目標要做什麼，都是評估表上填寫的重點。這個表不是填一填激勵一下士氣就算了，重要的是我們都希望將它落實。比如說：一位副理，長程目標是三年後當經理；或者他在客房部工作，短期目標希望能調到餐飲部，諸如此類。我們絕不會當場否定他，而是將他的發展希望仔細研究後，分析他的優缺點，以及他在往前邁進時需要補強的部分，然後立刻付諸實行，把資料彙總到人事訓練部去安排——英文不好，幫他安排老師；專業技術不足，為他研擬課程……以實際的作為幫助員工去達成他的希望。

在亞都的兩種升遷管道中，直向的升遷是在原有的專業領域中往上爬升，橫向的升遷則要看個人的能力與可塑性，去做不同部門的調整。當一個員工在某個部門面臨著瓶頸，以橫向的輪調來激發他的潛能，常是我在人事管理上運用的方法。

在我的理念中，**部門主管橫向輪調絕對是必要的。其一，可以幫助員工成長。換一個工作，增加了他學習的機會，也激發了他原本潛在的能力。再換另外一個角度來看，橫向的調動可以讓員工瞭解每個部門的困難與問題，消弭本位主義，也可以減少部門之間的衝突。**而重要的是，輪調常是成為高階主管的必經之路。面對不同階層、領域的下屬，增加了他的管理能力，也同時增強了做為一個高階主管所必備的協調能力與溝通能力。

第三點要件，就是為員工開創未來，讓員工看得到公司將來的發展，這也是企業為何必須不斷拓展的原因。當員工成長到一個程度之後，自然地會希望往上發展，如果公司未能及時考慮到這一點，自然會發生「老的未走新的未上」的人事塞車情況。這就是為什麼亞都在本身發展尚未完成前，即成立麗緻旅館管理顧問公司的主要原因，它最起碼部分滿足了這方面的需求。另外一個原因就是一些員工在經過亞都的人性化管理模式培養出來以後，如果為了升遷發展的機會不夠，而被迫投效到其他公司時，往往因為理念不同而會發生適應不良症。而且因為投效過去的是「個體」，更是無法對新的環境產生影響。透過顧問公司，公司可以將亞都的同仁「整體」移植到一個新的企業，成功的機率也相對提高。台中的永豐棧麗緻酒店就是一個具體的成果。

總之，對於企業的領導人來說，「留住員工」一定是管理的一個重要挑戰。有些員工有好的待遇他會留住——直到人家提供更好的待遇來挖他；有些員工只要能繼續學到新的東西，哪怕待遇差一點，他也會留下——直到他發現再也學不到東西為止。有些公司無法提供員工好的待遇，也無法提供好的學習環境，但如果公司本來就有「等久就輪到你」的企業文化，也會因此留住員工。當然，一個追求卓越的公司最好是能完全提供以上這三點要件。

對我而言，學歷絕不是工作表現的必要條件，重要的是把員工放在適當的位置上，再加上他們的學習態度與努力！

從基層做起

或許我自己不是一個具有高學歷的人，因此在拔擢人才的時候，從不以學歷來評判人；也或許我自己由基層做起，所以更深切體會到一個高層主管，除了傾聽，還要能瞭解基層人員的心聲。這對日後管理工作的長遠發展上絕對是一個重要的關鍵。所以亞都在過去十多年來，一直是以這樣的理念培育人才。

比如說，曾任亞都關係企業的副總裁，也是曾開創之前永豐棧麗緻酒店的總經理、台南大億麗緻總經理的蘇國垚先生（目前蘇先生在國立高雄餐旅大學任教），當年自美國回來，第一個工作是儲備幹部，當我發現洗衣房以傳統方式管理有所不妥時，我就把他派到洗衣房，要他近距離觀察，並提出改善方法。然後經過房務、廚房、餐飲、櫃檯、人事、業務、客房等各部門的歷練，最後才當上總經理。依照類似的模式，我們也分別把一些基層但有潛力的服務生、採購員或警衛培育成目前國內外傑出的旅館經理人才，單就目前五星級飯店的總經理中就有數十位都是系出亞都，如果加上在國內外餐旅學校擔任教職的同仁，那就更是無可計數了。我們真是與有榮焉。常有人問我，亞都培養出這麼多人才是怎麼辦到的？我想：在我看來，他們能有今日的成就，學歷並不是絕對重要的，重要的是他們自己的學習態度與努力。

一個管理者所扮演的角色只是去「挖掘」他們的潛力。每個人的個性都有正、反兩面，但做管理者永遠都要看他的正面，再將他的長處用在適當的位置上，他個人的潛力才會更淋漓地發揮出來。

談到不以學歷來評斷人才，我想還有一個很好的例子——Michael。

Michael在讀夜大觀光系的時候，便在亞都打工，在總裁辦公室當工讀生。畢業後他到客房部，一步一步地由最基層升到值班經理，卻在工作上碰到了無法突破的瓶頸。原因是Michael與人協調的能力很強，在一定的範圍內，他絕對是一個優秀的小單位主管，但他的英文能力雖然在一般本國同仁的標準中可算不錯，但在亞都這樣一個國際型的飯店中，每天要應付來往旅客各種的問題，一般的水準是不夠的，而這卻又是他不能克服的弱點。於是我們試著將他調往業務部，幾個嘗試後，他的工作生涯又在公司碰頂了，也就是說，公司已無再讓他發展的空間。這時候一不小心他的工作就可能形同「養老」，或者是被挖角，也或許他必須離開去開創事業的第二春。我經過幾番思考，決定大膽一試，這次把他調到他完全不熟悉的中餐廳當經理。這是一個完全不同的挑戰，當時中餐廳已經有幾位資深且優秀的幹部，只是暫時都還不能獨當一面，我之所以敢放膽讓Michael來接管中餐廳，正是因為這些幹部在中餐廳已建構了一個穩固的組織，但冒險的是Michael是空降部隊，他在這不但要學習極高的專業知識，另一方面也要高度發揮管理人的專長。但是我相信這最困難的部分，正是他的長處可以完全展現之處，而他英語能力也因為在中餐廳服務，反而是同仁中最流利的，他的弱點因此被修飾到了最低。這一次的調動，後來證明果真開拓了他工作的發展遠景，Michael因為已是公司的協理，不但站穩了自己的腳步，也重拾了他工作的信心，而且也正積極地為公司進一步的發展在努力

（目前他早已經是大陸台商五星級飯店的總經理）。

在經過有計畫栽培下，當時亞都幾乎隨時都有好幾位資歷完備的儲備人才蓄勢待發，隨時可以去應付新的戰局。這樣的調動，一方面為員工開創了將來，另一方面也為公司的拓展做好了長遠的準備。（註：亞都過去數十年在全球的旅館舞台上，無論本國籍、外國籍培養出的總經理及教授級人選不下百人，可說是國內餐旅人才重要的培訓基地。）

內部的公關經理

我認為，「人事室」就是公司對員工的公關部門，不但要掌握員工的工作狀況，更要掌握員工的身心情緒，適時地代表公司表達關懷。

做一個主管除了本身的溝通管道要很暢通外，還有一個很重要的工作，就是要替公司舉才。但是當企業發展到一定的程度，有時候主管真的很難去面對每一個員工，於是，人事室就成為主管最好的夥伴與助手。

我常覺得，**「人事室」就是公司對員工的公關部門，也是主管的重要幕僚。一方面要瞭解員工在工作上的狀況與希望；另一方面還要掌握員工在工作之外的身體、心理等種種情緒。**

當一個員工進入亞都，第一個要面對的便是人事室。經過主管認可，這位員工開始正式上班，人事室首先會安排一個「始業訓練」。在一整天的課程中，介紹公司的各種設施、消防安全、亞都精神，以及對待顧客的各種禮儀等等。在始業訓練後，新同仁來到工作單位上由主管分配給一位資深訓練員，負責輔導協助，當然也是考核這位新的同仁。

亞都的每一個作業部門都有三至五位的訓練員。訓練員不是領班，也不是經理，可能是一個資深員工。每一個新同仁進來，都會由一個訓練員去帶他，期限從一個月到三個月不等，視工作內容、職位及專業性而定。訓練員手中有一張檢查表，他除了逐項教導新同仁，也要逐項去考核他，務必在期限內完成訓練。為什麼要有新生訓練制度呢？我發現初進員工最易在這時因孤立無援而夭折，所以一定要有一套完整的師徒保母制度，帶領他逐步去熟悉這個新環境。在這個由人事室主導的訓練過程中，人事室也會不時去對新同仁表達關懷，目的無非使新進同仁能更快進入狀況。

而針對一般員工，人事室也設計出每半年評估一次的「五年員工發展計畫」的評量表，讓員工自我填寫未來的工作計畫，再站在一個輔導的立場，協助員工達成計畫。比如說一個服務生，未來想當主廚的秘書，人事室便會分析後找他來談談，讓他知道主廚秘書必須要對採購、訂貨、打字、辦公室行政及餐飲都要有深入的瞭解，主管在分析完這份工作的特性後，再瞭解這是不是這位員工想要的，如果是，主管就會再進一步利用工作空檔，安排他去廚房見習秘書的工作；如果經過實習及課程後，這個員工真的適合這個工作，人事室就會將他排在後補的檔案位子上，等這個工作一有出缺，他將會是公司的第一考量。也就是說人事室先把他的身材量出來，再告訴他那裡該補強，那裡該修正，這是一個量身製作的課程。

「瞭解同仁心聲」也是人事室重要的工作。基本上我們有兩條正常的管道：一是透過直接主管，另一是經過程序先反應給主管，如對主管的答覆不滿意，他還是可以透過上一層的主管表達意見。但我們強調讓主管有為你解決或解釋問題的第一先機，如果同仁仍不滿意，他可以再上一層去瞭解上級主管的看法，最後總裁的門也隨時為同仁打開。但是也並非每一位同仁都能習慣這種直接面對的溝通方式，因此我們在人事室又安排了一個員工人事資訊專員，這位同仁可能本身就曾是公司基層同仁的一分子，且大多人緣極佳、當有同仁不願直接面對主管時，我們盼望這位資訊專員能是他可以懇切溝通的對象。此外當然還有員工選出來的福利委員，最後在人事室又另備有意見箱。**不論是用何種手段，我們最終目的都是希望能把主管訓練成一個「在乎員工心聲的好主管」**。

此外，人事室更要盡到公司對員工公關服務的責任。比如說員工的婚喪喜慶、生病住院，人事室都應清楚地知道，並適時地報告主管。在亞都，我要求高級主管一定要參加員工的婚喪聚會。一個高級主管可能每個月接到無數張紅白帖子，但是對當事員工來說，這卻是他一生中最重要的一個日子，他將帖子送上，也給了公司一個最好的機會，表達公司對他的重視與關懷。如果員工生病了，我們也會要求主管適時地表示關心，或一張慰問卡，或一束花，或去醫院探病。

當然，這些動作或許並不需要人事室親自去處理，但是他要知道不同的事該報告到哪一個層級，由哪一個層級的主管去處理。當人事室這方面的功能充分發揮時，主管和員工的關係就會保持得相當融洽與密切。

因此，在人事室組成上，除了一般事務性的行政人員，及一些專業管理訓練的人員外，我常將各部門的主管輪調至人事室當主管，希望每一個主管在往上升調的同時，也能瞭解公司是如何去照顧，如何去瞭解員工，他該怎麼樣做才能成為公司與員工之間的橋樑。這都是他將來升任高層主管之前不可或缺的課題。

公關無所不在

公關不只是公關部門的工作，而是每一位同仁的責任。採購部是公司對協力廠商的公關，安全室是公司對治安單位的公關，財務部則是對所有廠商的公關……

談到「公關」這一環，很多公司都誤以為公關是公關部門的事，甚或以為：公關嘛，就是應付應付媒體，與記者打打交道。殊不知公共關係不但是公關部門的事，更應該是公司每一個部門，甚至每一位同仁的責任。

正本清源，成功的公關，是包裝，不是偽裝。發生了事情、出了狀況，公關才出來應付問題，這是消極的公關，也是偽裝；而從主動積極面來看，公關的建立絕非一朝一夕，它是長年累月不斷累積完成的工作。

以亞都而言，公司的每一位同仁都是公司對外形象的包裝者，也是公司成就的推廣者。事實上，每一位同仁的一言一行都代表公司，間接或直接地影響外界對公司的評價，而公司的成就也都點滴依藉著員工的表現推廣出去。我總是告訴我的同事們，「人事室」是主管與員工間的公關，它必須媒介兩方的想法，傳達不同的聲音，或是關懷、或是異議。「採購部」是公司對協力廠商的公關。常有人以為「我給你生意做，決定權在我手上」，立刻就顯出一副趾高氣揚的模樣，卻忽略了其實協力廠商也是我們的工作夥伴，沒有人比他更瞭解公司所要採購的物品。協力廠商配合得好，將使我們的採購工作省錢省時又省力；反之，若我們以傲慢劃下了兩造的距離，其間的爾虞我詐將成為工作中的極大阻力。然而，每一個人的工作，都有賴於我們與協力夥伴間共事溝通的能力。

「安全室」是公司對治安單位的公關，無論是有重要的客人需要保護，或是配合某些特殊情況的安全作業，必須要調查客人，安全室的配合態度，都將傳達出公司的管理品質。

甚至連一向被認為是內部行政工作的「財務部」，都不能以為自己與公關無關，因為財務部負責的會計與出納，常是代表公司在金錢上與廠商接觸最頻繁的一環。許多公司財務部門常常因為廠商請款對請款程序不夠瞭解，只要發覺單據不全，都習慣性的打回票，要求廠商下次再來，殊不瞭解對一個小型廠商可能正急著要發包工薪水，這一拖延就可能造成對方極大的困擾，財務人員固然不可能事事通融，但是無論是態度或者正向積極地協助對方解決問題的表現，就成為公司對廠商最佳的公關代表；反之，當然也為公司無形中得罪了未來可以積極合作的夥伴。如果我們前去取款的員工穿著邋遢、態度無禮，或是出納開支票時，不懂得尊重與感謝，都將造成公司對外的負面印象。而這些壞的影響日積月累，就算日後公關部做多少的彌補，都很難再重新取得別人的信任。

因此，我們要知道，「公關」的工作無所不在。我所要求的，正是要亞都的每一個部門都明瞭，每個員工都是公關的一環，都擔負著公關使者的責任。我常覺得，我們雖然仰賴宣傳，卻不能過度渲染，因為宣傳得勉強，反而會令人反感。未蒙其利卻先受其害，就得不償失了。

第五章　批評的藝術

考核不是洪水猛獸

在亞都，「考核」不但不是洪水猛獸，反而是我們整個企業體中最好的溝通工具。

大部分的人，不論是主管或員工，總是一聽到「考核」就害怕。主管們一想到考核結束，必須與員工面對面懇談就頭大，有很多話該說不該說，該怎麼說，能不能不說？哎！真傷透腦筋！而對員工來說，一碰到考核人人自危，誰知道這考核背後是否包藏禍心，說了真話弄不好秋後算帳，倒楣的還是自己！

然而，這種心態在亞都卻是不存在的。

在我的觀念中，**「考核」不但不是洪水猛獸，而且還是一個大企業體中最**

佳的溝通工具，幫助員工自我評估，促成員工與主管之間的瞭解，也讓主管能更進一步看清自己的領導能力。每一件事情都有正反兩面，端看我們如何作適當的運用。

於是，在亞都成立之初，我便自行擬定了一套考核的計畫，也規劃出三種不同的考核評量表。一種是「員工考核表」，這是針對基層員工所設計的，內容在於衡量他的工作品質、工作效率、人際關係、獨立性、責任心，以及他的發展潛力；再依據評估評定他是升遷、調職或是再訓練。這張「員工考核表」是由單位主管來填寫，填寫之後考核主管要簽字，被考核的人員也在閱後簽字，可以說是完全的透明化。

第二種是「督導人員考核表」，內容針對負責督導的主管人員所設計，包括工作效率、行政能力、領導能力、組織能力、策劃能力、判斷能力、協調能力，以及對待下屬的訓練、關愛程度等等綜合的考核。同樣的，考核與被考核者都要簽名認可，最後再彙集到總經理處。

另外，亞都還有一種「逆向考核」的制度，由員工來替主管把脈，評量主管的領導力、親和力、專業素養以及溝通能力；同時也替公司的各項伙食、福利、員工活動做診斷。在這份逆向考核表上面，我們還特別註明了：「此份問卷採不記名方式，人事訓練部會將此資料封口完整地轉呈給總裁親自處理，並事後銷毀，您無須擔心資料外洩。」這樣的說明，當然是希望保障員工暢所欲言的權利，也希望員工明白：逆向考核不是打小報告，不是惡毒的攻訐，所以也絕不會秋後算帳。這樣的考核完全是站在一個正面的立場，幫助主管做了一個領導能力的健檢。由於這是一種下對上的考核，我們必須很小心地對主管做溝通及說明：在這種倒金字塔型的管理模式下，時常主管做了某些決定，事實上卻不符合大多數員工的需求；或者在主管一心以為是對的事，在員工的心中卻有著極大的差距。也有些主管平日很兇，一碰到考核就會沒信心，以為員工都會批評他的不是，但事實卻不然，很多同仁都覺得他很有責任心，對事情也很盡責。這些都是形成隔閡的原因，因此逆向考核不是公司讓主管難堪的方式，而是在幫助主管瞭解自己，也瞭解與屬下的距離究竟是遠是近。

從正面出發

批評要有建設性，下列幾個步驟便是訣竅：

想他的長處→肯定他的優點→提出缺點→想出解決方案→訴諸文字。

早期在美國運通工作時，曾經因為和美國領事館的人都成了朋友，所以有機會瞭解到他們外交官發簽證的訓練方式，一種自「負面」出發的訓練。

在那個時代，還有很多人是意圖拿了美簽便一去不返，因此每有人來申請簽證，簽證官的第一個假設便是——你有滯美不歸的企圖，也就是先做全面性的懷疑，然後再由你提出來的證據一一消除他的懷疑，一直到他完全沒有理由可以懷疑你的動機，才發給你簽證，這是一種自負面的角度來看事情的方式。其實對某種工作，這種負面看問題的能力，對某種行業可能是必要的條件，如查帳員、稽核員、法院檢察官、調查員，甚至科學家、研究員都需要。

但做主管就不能如此，尤其當你在考核員工的時候。

試想：當你要批評員工之前，你一定已從考核表上看到了一些問題，並且已經從負面的角度檢查過他的缺點，因此，當你要面對面地考核員工時，在見到他之前，首先一定要拿一張紙、坐下來靜靜想一下他這個人，強迫自己一定要往正面去看，在紙上寫下二至三個他的優點，也許他幽默風趣、也許他待人誠懇，儘管這些優點對工作未必有很大的幫助，但是這個思索的過程，其實是在幫助你綜合一下對他的感覺，也避免在待會兒談話的時候有所偏見。

等見到了這位員工，我們一定要先提他的優點，可以是他個性上的優點，也可以是他過去的優良表現，總之先要肯定他、鼓勵他，然後才進一步告訴他：「考核的目的是在幫助你進步，所以當然也有一些問題我們必須提出來檢討，你願不願意談談你有哪些難以克服的缺點？」

其實，大部分的人對自己的缺點都很清楚，只是改不掉罷了。所以他如果能自己提出缺點是最好的，或者你也可以替他補充，誘導他去正視自己的問題。在挖掘問題的同時，不是冷靜的責備，那只會打擊他的士氣，而該用一種婉轉的、關懷的口吻，一定要讓員工感覺到你和他是站在同一條陣線，而不是與他針鋒相對的。

問題一旦提出來了，就一定要有解決的辦法。首先要讓他知道，他的問題就是我們的問題，讓我們一起來研究解決的方法。比如早上起不來總是遲到，是不是可以由主管打電話叫他？還是調到下午班（別以為這是個笑話，我們真的有主管用這種方法感動了同仁長久以來的壞習慣）？英文不夠好，是不是先調整工作部門，再由公司為他安排課程？當然，我們也鼓勵他自己想出解決的辦法，這樣不但減少了員工的抗拒心態，對問題的改善也才有正面的助益。確定瞭解決問題的方式，接下來一定要訂一個改進的期限，三個月之內，或是六個月之後，我們再一同來檢視這個問題。有了時限，他才會有一個努力改進的目標。

問題討論過後，最重要的是一定要訴諸文字。寫下來是一個紀錄，也表示對這件事的重視，寫的方式或許不必非常格式化，你可以寫：我和某某談過了，我們都肯定他部分的優點與長才，但假設某某能在上班時準時到達，那麼對整個工作體系及同仁都將更好。然後把這張書面文字讓他看過，雙方都簽定認可，如此才算完成了整個考核的過程。

等到時限過後，你再將文字拿出來與他一起討論，如果他一無進步，那時候再調整工作，或暫停加薪，員工也多半心服口服，彼此之間都不致造成誤會。

時常主管一聽到考核就畏縮，事實上，考核並不一定是持否定的態度審核缺點；相反的，考核也可以是主管表達關懷的最好機會，瞭解員工的想法、肯定員工的表現，想想不也是個不可多得的溝通橋樑嗎？

在台灣的傳統管理體制下，這件事看起來簡單，做起來卻非常困難，主要的原因是與我們的傳統文化相違背，我個人在過去擔任主管的歷練當中，卻深深受惠於這種開誠布公式的懇談。主管必須記住在交談的安排上盡量避免面對面對坐，而是斜坐甚至並坐，心態上、言語上都抱著溝通的目的是要讓對方成為更好的事業夥伴。

第六章 餐飲的遠見

杭州菜的突破

那時候各大飯店都做湖南菜，亞都也不例外，但生意卻一直未見起色，我必須努力尋求突破——找到台灣沒有的菜系。

在經營亞都飯店的過程中，早期有一陣子我一直覺得部門與部門間沒辦法好好協調，尤其是我們的中餐部，在經營上一直無法突破。那時我不懂餐飲管理，照著台北各大飯店一樣選擇湖南菜。那正是湘菜的鼎盛時期，可是，湘菜做了好一陣子，生意一直沒起色。並非我們的菜不好，而是亞都的地點和環境都不是最理想的，附近又沒有辦公大樓，平常沒辦法吸引客人上門用餐。

有了這個認識以後，我就開始努力地尋找突破。

最好的解決辦法，就是找到台灣沒有的菜系。我自己是杭州人，我發現台灣竟然沒有正統的杭州菜，同時，我知道在香港有一間道地的杭州菜「天香樓」，老闆韓桐椿先生是從杭州的天香樓出來的名廚，因戰亂到香港開店。這個天香樓不大，一共只有七桌，卻享有盛譽，最重要的就是韓先生一向堅持品質，有絕不妥協的敬業精神，也因此在香港非常成功。

我雖然在尋思改變中餐部門的菜系，但是並不想解散現有的廚師，另起爐灶。後來，透過一位長輩卜少夫先生的介紹，我到天香樓吃飯，並且認識了韓先生，前後花了兩年的時間說服他來台灣，他始終不肯。他說年紀大了，不想教菜，另方面大陸那邊也搶著要他回去，他答應哪一邊都不是。經過了兩年鍥而不捨的拜訪，他終於被我感動了，答應教菜。於是我從台灣帶了三名廚師，一起到香港正式磕頭拜師。

韓老師領著我們四個新收的弟子教菜，其他三人跟著做，我則在一旁寫筆記，這也是我深入研究做菜的開端。後來韓老師也帶著他的弟子來了台灣，我仍繼續跟著學習。

技術學會了是一回事，更重要的是如何帶到台灣重新包裝，介紹給台灣的客人。

我決定自己去杭州，把杭州菜歷代演變的資料全都搜集回來，將這些悠久的歷史，一段段有趣的故事和典故，編成了一本《杭州菜的故事》，做為推廣亞都天香樓杭州菜的第一步。

那時我也有一個感覺，**領導者開始的輔導參與，以及餐廳前後場的訓練固然重要，但如何教育顧客絕對也是不可或缺的一環。**《杭州菜的故事》製作完成後，我常常和客人一起吃飯，一再為客人講述這些豐富綺麗的故事，也將在台灣如何改良杭州菜的製作過程告訴他們，比如說杭州菜中最負盛名的「東坡肉」，原來是宋朝大文豪蘇東坡所發明烹調出來的拿手菜，把豬肉切成塊狀，加上酒，放入密封砂鍋，「慢著火、少著水，火候足時它自美。」鮮潤如豆腐而不碎，香糯而不膩口，是杭州的傳統名菜。但是傳統的出菜是一桌十人就是一盤肉端出來，於是我特別訂做了一盅盅有蓋的小砂鍋，如此在客人打開時，立刻聞到的是撲鼻的香味與視覺上的細膩美感。

另一道「西湖醋魚」，選用鯇魚做原料，特別的是烹製前，要將魚放在水池中餓養三天，讓魚將它的排泄物排空淨腸，除去泥土氣後，才下鍋燒製。在杭州，這道西湖醋魚原來是一整條魚去燒，但是到了台灣，我們只取魚腹精華部分的肉，更加鮮味嫩美，當然菜的成本相對提高了，但是卻更為精緻，其他的部位留做酥炸臘味魚的材料。當桌上這一道道菜，變成了一個又一個的故事，不但讓客人在宴飲之際，別有一番思考情趣，而且客人會更投入，感受到菜的特色。

天香樓後來也加入了許多法國菜的烹調法，例如傳統中國的高湯多以老母雞或是排骨、火腿慢熬，雖然鮮美但十分油膩，於是我們自國外學來以甜紅椒或洋菇草菇打底熬湯，湯清香又不油膩，符合現代人的口味。

後來以我一個完全外行於餐飲的人，能得到廚師的肯定，我想有一個很重要的因素是，雖然我不會燒菜，等於完全沒有專業技巧，但是因為我嚐遍了世界各地的菜，也都去瞭解，所以比較客觀，成了他們的食評家。我不但以一個管理者的角色去觀察，也以一個顧客的角度去感受，真正把教學方式與顧客需求融合。

直到現在，在許多的餐廳評鑑中，亞都的天香樓都被認為是一個非常有特色的餐廳。此外，我們的法國餐廳也是在我的堅持之下，始終走自己的路線，除了保持一至兩名傑出的法國籍廚師以外，當時幾乎每年兩次邀請世界級的名廚來台表演，雖然代價很高，但至今仍能受駐華法國及歐洲公私機構一致評定認同是最道地的法國餐廳，我想這些努力總算是沒有白費。

廚房老大VS.服務生

我決定自己走進廚房，一方面要他們以廚師這個身分自重，一方面也期許他們做客人的餐飲顧問。

儘管如此，我仍然覺得中餐部在溝通和管理上有問題存在。

「前場」的服務部門和「後場」的廚房烹調部門，一直是員工流動率最高的單位。一來餐飲的工作壓力很大，是一個很辛苦的工作，許多人對它不夠瞭解，總會覺得端盤子是個低下的工作；二來，廚師們平日講話總是吼來吼去，服裝儀表也邋遢而不莊重，於是廚師與服務生間口角頻起，任誰來工作都會不愉快。

針對這個問題，**我開始不斷鼓勵員工。對前場的服務生，我期許他們把工作當成是客人的「餐飲顧問」**。試想如果要當一個優秀的餐飲顧問，那麼不但要對口味瞭解，更要對菜單及製造過程瞭解，尤其是必須懂顧客的心理，由與顧客簡單的對話中，掌握顧客的需求，把我們最適當的菜推薦給對方。這些都要一年又一年的經驗累積，才可能有專業的素養。端盤子只不過是這個工作的部分，如果我們是一個有自信的餐飲專業人員，不僅可以得到顧客的信賴，最重要的是由這些過程中，可以真正瞭解到餐飲服務管理的精髓。

另一方面，我也做了一個決定：為了改變廚房同仁的氣質，我自己穿上廚師的制服，進廚房和他們一起工作。

我這樣做的目的有二：第一，我希望讓廚師們感覺到他們在廚房裡的身分是「尊貴」的，哪怕我平時是飯店的總裁，進了廚房我和他們一樣，應以「廚師」這個身分為傲；第二，我在廚房裡等於是廚房的品管員，幫他們控制出菜的品質，如果菜做得不夠好，情願撤下來重新做，也不願把責任推給服務生去面對。

在廚房的經驗讓我發覺到：全台灣的餐廳幾乎都是一樣，廚師對前場服務的服務生態度很兇，因為廚師從來不需要直接面對用餐的客人，他們就好像是廚房裡的「老大」，萬一碰到客人要求退菜、換菜，「廚房老大」立刻覺得受到了很大的羞辱，難聽的粗話、兇話立刻衝著服務生脫口而出。

中餐廳的廚房裡，過去一向是傳統的師徒制，而且切菜有切菜的領班，籠鍋有籠鍋的領班，熱炒有熱炒的領班，每個人下面又各自有二或三個徒弟，難怪每個廚師儼然各據山頭、各霸一方，對「跑堂」的「小弟」、「小妹」兇，也就難免。可是照理說廚師和服務生應該是平行的關係，廚師有再大的本事，也要靠前場的服務同仁幫他們的忙，把菜包裝並推介給客人，而服務同仁有再好的服務水平，如果廚房的菜餚上不了檯面，一切亦是枉然。如果彼此之間不能協調溝通，事情一定做不好。於是，我想了一個方案，告訴他們：為了讓前場的服務生瞭解杭州菜，廚師不分哪一部門，每個人每週三天利用下午時間給服務生上課，並且親自做幾道菜給服務生試菜和講解。

「廚房老大」現在要當「老師」了。我發現輪到誰上課，那一天他的服裝一定特別整潔，言行舉止一定特別謹慎。上過課之後，服務生對廚師很自然改口叫「老師」，廚房老大突然覺得自己被尊重了，也就表現出老師該有的風範，慢慢留意起自己的言行，而服務生們也覺得廚師不再是大老粗，他們真的各有其扎實的技術，真有他令人尊敬和佩服的一面。從前的摩擦和口角不見了，甚至對菜系有了更進一步的瞭解和興趣，在面對客人點菜或詢問時，反應很自然就變得不一樣。整個餐廳的運作也就逐漸變成和諧順暢。

由於這個經驗，後來我在幫忙籌設國立高雄餐旅專科學校時，就強調：所有做前場服務的實習人員，一定要有百分之三十的時間留在廚房，另外百分之七十才是前場服務；同樣的，所有學習廚房的人員，也要有百分之三十的時間參與前場學習顧客服務。這樣一來，大家才能互相瞭解各自的工作立場，產生共識和同理心。

扎根

如果昨日疏忽餐飲教育種下的因，造成今天沒有好廚師的果；那麼明日的成果，就要看今日的耕耘。

我大概從八〇年代就開始帶領國內許多團體，到世界各地去推廣觀光以及中華文化與美食，因為我覺得中華美食是最能代表台灣文化形象的一種，所以每一次我都安排了幾位廚師同行。沿路在各地的大飯店由台灣的名廚烹調道地的中國菜，變成了海外推廣台灣特色的重點。也因為這層關係，我慢慢和廚師這個行業愈走愈近，也愈來愈瞭解他們的問題。

我發覺因為推行九年國民義務教育的關係，從國中畢業的年輕人，根本不願意從廚房的基層學起，而所有的職業學校、專業學校都沒有餐飲科系，國內的烹調技藝幾乎已面臨了傳承無人的斷層危機。在以往，師傅還可以挑天分高的人當徒弟，現在卻是找不到徒弟。當然，我也明白，這不是亞都一個飯店的問題，而是整個大環境的窘境。國內真的迫切需要專業的餐飲學校。有了這個體認，我就開始參與鼓吹餐飲學校的建立。

首先在周談輝教授的引介下，我說服了教育廳，輔導省立淡水工商成立了餐飲科。在一九八五年的台灣，這是國內成立的第一個餐飲專業教育科系。之後又協助開平商工的夏惠汶校長成立了餐飲廚藝科，並且努力奔走說服幾位台灣的大廚師義務進入學校當老師。由於瞭解現在台灣的名廚，都是在過去傳統師徒教育的環境中培養出來的，非常重視輩分與倫理，為了表示對傳統的尊重，於是我建議開平的夏校長遵循古禮創造了一個「拜師」的儀式，讓老師坐在上面，所有的學生在下面鞠躬正式拜師，再由老師為他們戴上帽子，教學由此開始。至目前為止，幾乎所有的餐飲學校科系，都維持著這個拜師大典的傳統。

最感欣慰的是在我一次理念的溝通中，說動了當時任職教育部技職司司長的楊朝祥先生，在他的認同下，終於在南台灣成立了國立高雄餐旅管理專科學校。為了確定學校的成功，我從創校的策劃到老師的培訓，包括在學校開幕前安排多位老師到歐洲再實習的經費籌措，我幾乎是全程參與。而學校成立第一年招收二百個學生，就有二千個高中畢業生去應考，甚至許多原已從大學畢業的學生都重新來報考，總算看到台灣餐飲業未來的曙光！就好像有了好的軍校，將來培育出好將領，只是時間早晚的問題。

當我觀察到一個問題，我一向往大方向來看。假如今天沒有結下好廚師這個果，那是源於昨日我們不重視餐飲教育所種下的因；那麼明日的成果，則端看今天的耕耘。如果我只是努力去挖大廚，那只解決了亞都一時的問題，若不自根底做起，永遠也只能解燃眉之急。

事實上，這三個學校餐飲管理科系的設立，對下一代餐飲專業人才的培育，的確有非常大的幫助，現在畢業生一屆屆出來，也有更多學校投入餐飲方面的教學，他們已成為台灣新一代廚師供應的來源，更明顯的是，台灣的餐飲事業確已有進步了！

回頭檢視我所努力的方向，我想一是「傳承」，一是「發揚」。

傳承的部分，就是前述以學校教育扎根，不斷培育人才，而我不只是催生學校，更進一步參與他們教師的甄試、學生的招考。發揚的部分，我一直以一個例子告訴這些學習的年輕孩子們：畢卡索的抽象畫任誰看都好似簡單，彷彿彩筆一揮就是一幅，但我們有機會去看看畢卡索十幾二十歲畫的素描，那功力之深厚真教人驚豔！也就是說，畢卡索是當年素描的底子打得很厚實了，後來才有天馬行空創作的空間。所以高雄餐旅管理專科學校的學生們，在校長李福登先生的領導下，不但要求他們學習本身的烹調技術，還要會電腦、通外語，更要懂得顧客服務、業務行銷、倉儲管理，在這樣扎實的教育下，我相信他們日後的就業市場，絕不侷限於台灣，甚至更進一步可以往世界各地去發揚中華美食。

在推動教育的層面外，我也看到台灣廚師的待遇不錯，但是地位不高。為了改變這個問題，除了廚師必須在心態上自己要瞧得起自己，另一方面，我也建議觀光局舉辦了八屆的「中華美食展」。我們利用美食展、利用競賽、利用名廚的介紹，去肯定廚師的重要性，也提升了他們的水準。另一方面這樣的活動也招攬了更多國際觀光客，對台灣的觀光做出更多正面的回應。

而我也因為「多管閒事」的關係，擔任了多年中華美食推廣委員會的主任委員，雖是一個吃力不討好的工作，但看到了新一代優秀的人才一批一批地踏入這個行業，並且已開始生根發展，心中的快意，已非筆墨所能形容。

回顧這一段輔導國內成立餐飲科系的歷程，我最大的遺憾就是這些年來受到專科職校快速升格為學院及大學的影響，台灣的餐旅教育也無法倖免地成為學術化的犧牲品。其實職業教育、專科教育與高教本來就是兩種不同育才的管道，當學生專項學習告一段落時，理當進入職場實務演練，只有在實務學習到一定的程度後，若仍覺得有發展空間再進入學校進修，如此不但學習目的明確，教學的一方也才能真正做到提供進一步研究發展的功能。例如：走向國際的語文，增加美藝概念的人文，甚至於橫向瞭解世界各種美食技藝及管理行銷經營等的專業技能。

第七章 我的人生價值觀

暴發戶

許多自貧窮到富有的人，都迫不及待地想炫耀自己的成就。現今台灣就有三種暴發戶：政治的、經濟的與宗教的。

旅館事業在餐飲及住房的服務外，其實還有業務公關與市場行銷等作業。一個小小的飯店，可能匯集了來自世界各地的客人。對所有的國際飯店來說，使自己的產品讓全世界都知道，是一項充滿挑戰的工作，而業務公關與市場行銷就是負責讓產品訊息流通的專業人員。

要瞭解訊息的流通，首先就要知道台灣的觀光事業和整個大環境的現狀。觀光事業和形象包裝的關係非常密切。我最常被人問到的問題是：台灣現在交通這麼糟，市容又這麼髒亂，究竟台灣的觀光值不值得推廣？該不該推廣？這是兩個層次的問題，前者的答案或許是否定的，但後者的答案則百分之百是肯定的。

但是，我認為有時候我們不能以完全負面的角度來看這個社會。如果我們回顧一下中國的近代史，會覺得在台灣的中國人真是最幸福的一群。

事實上，這百年來，中國人過盡了顛沛流離、飽受屈辱的日子。當時又是八國聯軍、又是異國統治、割地賠款，甚至英國人在上海租借地上蓋了公園，還寫著：「中國人與狗不得進入！」現在總算是苦盡甘來，經過四十年的安定，大家都從貧窮中致富，向進步的道路邁開步伐。

許多從貧窮到富有的人，第一個想法都是迫不及待希望去炫耀他的成就、彰顯他的所得，因此，我們的環境中充滿了這樣的「暴發戶」，或許換一個說法，也可以說他們是「新富」。這其中包括有政治的新富——濫用他們的權力；經濟的新富——揮霍他們的金錢；宗教的新富——借神之名詐取無度。

每一個人都活在一種高漲的情緒下，一心只想展現自己的戰力，但也在不經意中，因為這種炫耀的心態，為社會帶來了壓力與浮動。事實上這種現象比比皆是。從過去早年一個歐巴桑辛苦替人洗衣服賺了錢，第一件事就是為自己補個金牙，隨時展露她的金牙齒，到後來女士們不論任何場合都要戴顆鑽戒，男士們想盡辦法也要戴一個滿天星的手錶、開一部賓士，不斷展現他的關係、他的影響力。而事實上，很多人都要到有了一定的財富及成就的時候，才會愈謙虛，所以說「暴發戶」的產生只是一個過程。但是很不幸，我們現在就正活在這個全面「暴發」的過程中，在這個時代中為客人服務的服務人員，當然一定備嘗辛苦。

但是我一直勉勵我的員工，要去瞭解客人的心態與背景。大部分這些人的動機只不過是希望人家知道他的身分，或認識他的成就而已，所以，我們的工作中最重要的一部分，就是滿足顧客被人肯定的期望，瞭解這點之後，你應對的態度就會有所改變，自己的心情也將比較坦然。另外一個必須瞭解的國人心理，就是上面提到的長年民族意識的壓抑。中國人最怕在外國人面前被瞧不起或被忽視，有時可能一個服務人員不經意的行為會造成軒然大波，所以服務人員在餐廳中同時有外國和台灣的客人進來，除了注重先來後到的次序外，若要先服務外國客人，一定要先和台灣的客人打個招呼，才不會產生誤解。其次，目前台灣人懂得爭取民主的權益，卻不懂承擔民主的義務，認為現在禁忌全被打破，一切都可以抗爭，卻忘了民主的真諦應是同時要懂得尊重別人、尊重弱小、尊重少數人的聲音。因此，我們常常從本位出發，做出許多傷害別人權益的行為。譬如台灣獨有的霸機事件，在公共場所中的不重秩序，或多或少都顯示出了這方面的弱點。

當我們瞭解了這些現象之後，我們才能更體諒客人，並進一步去影響整個社會風氣。

發光體

一個企業除了創造出就業機會外，還應該擴展至正面影響社會風氣及提升文化素養的層面。與其抱怨社會黑暗，不如自己做一個照亮社會的發光體。

我個人對企業的觀念是，每一個企業體在肯定自我、有所貢獻之外，絕對不能只停留在經營一個賺錢的環境、創造出一些就業的機會而已。企業應該要有更開闊的做法，去發揮社會教育的功能。

有著這樣的理想，在亞都創辦的初期，也就是八〇年代初期，當我看到國人的生活雖然開始走向國際化，但社會各界精英在國際場合的應對進退卻都十分生澀，於是我策劃了一場結合慈善活動的晚宴，這樣的慈善晚宴後來每半年舉辦一次，連續辦了十年。

在晚宴中，我要求應邀的企業界朋友，每個人都必須穿著正式的禮服，如赴一場國際性的盛宴。那時候國人喝酒的習慣還是大口豪飲，所喝的酒也多屬於烈酒，於是我專程到香港去買精選好的葡萄酒回來，而且特別設計了精緻的菜單，每一道菜該配什麼酒、以及該如何品酒，都利用這個場合潛移默化地影響客人。另外，我也請到知名的音樂家來演奏，一切講究禮儀與質感。

同時，我們將晚宴的全數所得都分別捐給了伊甸基金會及其他慈善團體，一方面幫助了慈善機構，另一方面也為台灣做了文化教育的貢獻。

在舉行了多年的慈善晚宴之後，九〇年代我們又進一步每一個半月就舉辦一次「亞都歌劇之夜」，希望由更深層次對社會產生影響。

或許是自小的興趣與愛好，這數十年的旅館工作中，我接觸了相當多的音樂家，深深感覺到由於牽涉到語言的表達，歌劇是所有藝術中最難懂，但卻也是最動人的。為了推動歌劇藝術，破除其中的語言障礙，在亞都歌劇之夜中我特別請了熱愛歌劇的名聲樂家曾道雄教授來做歌劇的賞析。我們請來的朋友有企業界的人士、歌劇的愛好者，以及作家、教授朋友們。平日大家應酬總是吃飯喝酒，但在亞都歌劇之夜，我們用過簡單的自助餐後，便由曾教授講解當天歌劇中的故事。他在鋼琴前，一面彈奏，一面敘說每一小段音樂的涵義，與每一字每一句所要傳達的感受，等到正式聽歌劇時便會有立即的感動。

像這樣的活動，我們的客人也只需負擔餐費，其他所有教授的講師費、演唱表演費、音響等種種費用，都由亞都專款支出。像這樣感動人心的藝術，我不喜歡獨享；然而更重要的一點是，我覺得旅館從業者不應只做「服務」的工作，而應擴大企業的力量來影響社會風氣、提升人文素養，並擔負起國民外交的責任。

亞都在這方面的努力約可分成三部分：社交禮儀、慈善公益活動，以及藝文活動。

公益活動的部分，亞都自社區做起。我們有員工固定到社區的小公園當義工，維護公園的清潔與美觀，這也是敦親睦鄰的開始。

慈善事業方面，除了上述慈善之夜活動，我們也鼓勵員工定期去訪問各個啟智中心、孤兒院，把我們飯店中的一些物品捐贈給他們。我濟貧的理念，不只是在有形的物質上的資助，而希望能幫助他們站起來。比如說幫助樹仁基金會成立生產工廠，做些裝配聖誕燈等簡單的手工藝。台灣有錢人很多，捐錢是最容易的做法，但成立工廠，卻讓智障的朋友們在工作中找到了生命的意義。

在藝文活動上，無論是國際的藝術家或是本土的藝術家，只要能力許可，亞都都是全力配合、贊助。對台灣幾個重要的音樂家、舞蹈家以及藝文團體，由於能力有限，亞都除了直接協助，也常常引介給許多大企業家去贊助支持。我認為如果我們鼓勵本土藝術家，能夠到社會每一個角落，從城市到山邊、由學校到監獄，利用音樂、利用舞蹈、利用各種形式的藝術活動，**讓民眾接近藝術，從提升藝術涵養中改變自己的價值觀，進而淨化心靈，這豈不正是心靈改革的最佳捷徑**。

我經常在對亞都同仁的談話中，鼓勵大家做人要做發光體而非反光體。所謂反光體就好像某些政治人物，平日被群眾簇擁，成為鏡頭的中心，似乎是光芒四射、耀眼奪目，但是這些人一離開政治舞台，卻變得平凡無奇，對社會毫無貢獻。而反之，發光體就好似那位遠自異國而來的醫師葉由根先生（音譯），到寶島一住四十年，在台灣的窮鄉僻壤，無怨無悔地救助我們的國民；發光體也好似那些在山區學校教書的老師們，安貧樂道，為山地弟子的教育犧牲自己的青春年華；發光體更是那些在都市每個角落擔任不同工作的義工，明知道這個社會病了，仍希望用自己微弱的力量對社會產生影響。

賭氣？爭氣？

我在過去數十年，有一半的時間在為國家觀光事業的形象做包裝和推廣，因為唯有更多外國友人瞭解我們、知道我們，才是我們重返國際地位的最好保障。

國際外交公關的推廣，也一直是亞都努力的目標與方向。

假設我們今天，連國家元首到國外去都要被中共百般阻撓，連國際對外的舞台——聯合國都無法參與，在國際間生存的空間愈乎窄小，那麼我們就應該透過其他非政治的手段結交更多國際朋友，就應該讓更多人來到台灣看看，認識這塊土地，瞭解我們的文化與文明。

我在過去數十年，有一半的時間在為國家觀光事業的形象做包裝和推廣的工作，有些是立即有回應的，有些則應該對長遠有所助力。雖然有時難免有很大的無力感，但我希望能有毅力，像個傳教士一樣的做下去，以期使更多人體認到觀光事業不只是單純的商業行為，而是與世界交朋友，讓台灣被看到的唯一管道。新加坡就是以觀光事業為基礎，成功地站上國際舞台的最好例子。新加坡的國際會議中心平均一年舉行兩百個國際會議，與會者因為開會而認識新加坡，進而成為新加坡的友人，這些都是新加坡的國際助力。

國內也有國際會議中心，過去這麼多年來，每年在台北國際會議中心舉行真正的國際會議約在二十幾場左右。如果我們的國際會議中心一年也有兩百場的國際會議，那麼總統不需要出國，僅在國內和這些來自全球各地的開會人士接觸，就必定會有極大的正面效應。

一九九二年我在台灣主持YPO組織（青年總裁協會）的國際會議。YPO會員是世界各國傑出企業的高層次的領導，國內幾個主要企業體的總裁也都是這個組織的會員，素質相當高。我因為曾經是YPO組織亞太區的副總裁，也擔任過他們的國際理事，所以被選為這次世界研習會的主席。這次的會議總共有八百五十位會員前來參加，每個人機票、住宿自理，另外尚需繳交七千塊美金的費用。我必須用這筆經費，把台灣包裝起來，介紹給與會會員認識。於是我請了四十位國際知名的演講家前來做專題演講，同時在會期報到的當天，將士林的中影文化城改裝成一個古中國城，城裡的街頭猶如舊時的天橋，從各式的點心小吃，到相命、說書、畫國畫、捏麵人、踩高蹺、舞龍舞獅，幾乎所有的中國把式都用上了，看得大家興奮無比。第二天，會議揭幕式有李登輝總統的演講，隨之由女企業家殷琪女士導言，向與會者介紹台灣這塊土地的歷史，以及先人如何渡海的經過。她也提及了台灣人在國際舞台上如何必須嚥下自己的驕傲；面對強鄰的壓力，台灣人又如何由經濟的發展找回自我的肯定。最後她介紹傑出藝術家林懷民先生的舞作「渡海」——一個述說台灣先民渡海來台的故事。我只記得當燈光重新亮起的時候，全體的會員站起來用力鼓掌，掌聲久久不歇，有許多外國太太，臉上掛著淚水，走到我面前對我說：當初他們認為台灣只是專門做廉價產品的一個地方，甚至還懷疑是否應該來參加這個會議，而現在認識了台灣，對這塊土地和人民，更多了一分尊敬與認識。

在那一剎那我知道：我們的國家多需要有更多的人在這種情況下來瞭解我

們、認同我們。YPO會員在台灣的那一個星期中，對每一天的安排都讚不絕口。我們的活動從每天早上五點鐘就開始，安排會員到農禪寺參加早課，與出家人一起吃早齋；或者到復興劇校看學生如何練功、吊嗓子；也可以享受台北之晨，到幾個主要公園看市民清晨運動。下午則安排到迪化街參觀藥店，或者去木柵觀光茶園，每個人發一頂斗笠，學著一起採茶、製茶；或者拜訪國內藝術大師，看朱銘如何雕塑，看張杰揮毫。

在這些琳瑯滿目的活動安排下，每一位來參與活動的人都表示：台灣非常有看頭，他們無不希望將來有機會能再來台灣。如果當初不是經由這些精心包裝，國際友人有機會認識台灣嗎？所以觀光事業和國際會議，應該是我們想要回到國際地位一個最好的媒介。

台灣的觀光事業問題很多，受到政府及民間的重視程度又不夠，往往為了要向政府爭取一些推廣的經費而備嘗辛苦。但是看到我們國家在國際上負面的地位與形象，心中真不服氣。反過來看到林懷民、黃達夫、葉由根這些非政治的人物，都能夠在他們各自的工作領域上，為這個社會、為這個國家散發出耀目的光芒，又覺得台灣仍有可為。賭氣，不如爭氣！我只盼望我也能夠成為一個小小的社會發光體，雖不能放出萬丈光芒，也一定要奮戰到底。

國家圖書館出版品預行編目資料

總裁獅子心【20週年全新修訂版】/ 嚴長壽 著；
--初版.--臺北市：平安文化, 2017.08
面；公分. --(平安叢書;第0566種)(邁向成功;66)
ISBN 978-986-95069-1-5 (精裝)

1.企業領導 2.企業管理

494.2　　106011151

平安叢書第566種
邁向成功 66
總裁獅子心【20週年全新修訂版】

作　者—嚴長壽
發 行 人—平　雲
出版發行—平安文化有限公司
台北市敦化北路120巷50號
電話◎02-27168888
郵撥帳號◎18420815號
皇冠出版社(香港)有限公司
香港銅鑼灣道180號百樂商業中心
19字樓1903室
電話◎2529-1778　傳真◎2527-0904
總 編 輯—許婷婷
責任編輯—蔡維鋼
美術設計—王瓊瑤
著作完成日期—2017年06月
修訂初版一刷日期—2017年08月
修訂初版六刷日期—2023年08月
法律顧問—王惠光律師

讀者服務傳真專線◎02-27150507
電腦編號◎368066
ISBN◎978-986-95069-1-5
Printed in Taiwan
本書定價◎新台幣350元/港幣117元